Dortmunder Beiträge zur Zeitungsforschung

Band 58

Herausgegeben von Hans Bohrmann
und Gabriele Toepser-Ziegert
Institut für Zeitungsforschung der Stadt Dortmund

Zeitungsdruck

Die Entwicklung der Technik vom 17. zum 20. Jahrhundert

Mit Beiträgen von
Martin Welke und Boris Fuchs

K · G · Saur München 2000

Die Deutsche Bibliothek - CIP-Einheitsaufnahme

Zeitungsdruck :
die Entwicklung der Technik vom 17. zum 20. Jahrhundert /
mit Beitr. von Martin Welke und Boris Fuchs. – München : Saur, 2000
(Dortmunder Beiträge zur Zeitungsforschung ; Bd. 58)
ISBN 3-598-21321-2

Gedruckt auf säurefreiem Papier

Printed in the Federal Republic of Germany

Druck/Binden: Strauss Offsetdruck GmbH, Mörlenbach

ISBN 3-598-21321-2

INHALT

Hölzerne Buchdruckerpresse und eiserne Kniehebelpresse (Typ Albion, 1839) im Deutschen Zeitungsmuseum Meersburg. Bei der hölzernen Presse handelt es sich um einen authentischen Nachbau. Auf dem Original hatte Benjamin Franklin 1726 in London das harte Handwerk eines Zeitungsdruckers ausgeübt.

VORWORT

Zur Geschichte der Zeitungsdrucktechnik

Im Jahr 2000 wird der 600. Geburtstag von Johannes Gutenberg gefeiert. Er ist der Erfinder der neuzeitlichen Drucktechnik, der das Setzen von Texten als Druckvorlage aus Lettern nicht nur erdachte, sondern zur Anwendungsreife führte und dazu eine gut funktionierende hölzerne Presse baute.

Die Gutenberg'sche Technik war bis ins 19. Jahrhundert hinein wenig verändert im Gebrauch. Mit den gesetzten Texten ließen sich Abbildungen (Holzschnitte, später auch Holzstiche, Kupferstiche und Stahlstiche) verbinden, die immer wieder auch handkoloriert wurden. Auf diese Weise wurden Texte aller Art seit dem 15. Jahrhundert als Buch gedruckt, als Flugschrift oder Flugblatt. Im 16. Jahrhundert kamen die Zeitschriften und im 17. Jahrhundert die Zeitungen als neue Printmedientypen hinzu.

Nicht nur wegen der hochliegenden Schwelle der Lesefähigkeit, sondern auch, weil die Drucktechnik teuer war, konnten ihre Produkte nicht gleichermaßen in allen Teilen der Bevölkerung populär werden. Satz und Druck forderten einen hohen Personaleinsatz. Papier war teuer, und da der Rohstoff, die Kleiderlumpen, kaum vermehrbar war, nie in den gewünschten Mengen auf dem Markt.

Gutenbergs Erfindung hatte einen weiteren Kreis der Bevölkerung für Drucksachen und deren Inhalte erreichbar gemacht als es den vorwiegend von Mönchen betriebenen Abschreibebüros der voraufgegangenen Jahrhunderte möglich war. Aber erst in der ersten Hälfte des 19. Jahrhunderts gelang der Durchbruch in Richtung eines preisgünstigen Angebots für alle.

Die Papierproduktion gewann durch den Holzschliff einen neuen Rohstoff. Das Maschinenpapier konnte dadurch in jeder gewünschten Menge, zu vergleichsweise billigem Preis, hergestellt werden. Etwa gleichzeitig wurden Druckpressen gebaut, die konstruktionsbedingt mit weniger Personal auskamen. Doch immer noch war die Herstellung hochauflagiger Zeitungen mit großem Seitenumfang eine kaum zu meisternde Herausforderung an die Drucktechnik. Erst als die Satztechnik maschinisiert wurde und als Druckplatten nicht mehr plan verdruckt, sondern walzenförmig angeordnet in der Rotation eine endlose Kreisbewegung beschrieben, war das Tor zur deutlich erhöhten Druckgeschwindigkeit eröffnet. Große Seitenumfänge und kurze Druckzeiten zu nie dagewesenen günstigen Preisen für Druck und Papier stellten die Voraussetzung dafür dar, dass die Tageszeitung in der zweiten Hälfte des 19. und der ersten Hälfte des 20. Jahrhunderts das dominierende aktuelle publizistische Medium wurde.

Die Entwicklung der Drucktechnik hat die Voraussetzung für diese Entwicklung geschaffen. Deshalb ist es schwer verständlich, dass die technische Entwicklung des Zeitungsdrucks in historischer Sicht bislang eine so geringe Aufmerksamkeit gefunden hat. Das verwundert um so mehr, weil die besonderen Anforderungen des Zeitungsdrucks die Entwicklung der gesamt Druckbranche geprägt und vorangebracht haben. Der Drucktechnik geht es da nicht besser als dem Pressevertrieb, den Annoncenexpeditionen, den Nachrichtenagenturen u. a., den für Zeitungsverlag und Zeitungsredaktion notwendigen Voraussetzungen und Nebengewerben. Sie sind von der historischen Forschung allemal erst in den letzten Jahren in den Blick genommen worden. Wissenschaft und Forschung haben sich immer zuerst mit Strukturen und Positionen der Inhalte von Zeitungen auseinandergesetzt, während die technischen und ökonomischen Voraussetzungen im Hintergrund blieben.

Mit den hier vorgelegten beiden einander ergänzenden Abhandlungen wird der Versuch eines knappen Überblicks zur Geschichte der Zeitungsdrucktechnik gemacht:

Dr. Martin Welke, der Gründer und langjährige Leiter des Deutschen Zeitungsmuseums (Meersburg), das gerade in das Saarland (Wadgassen) umsiedelt, ist ein hervorragender Kenner besonders der Frühgeschichte der Zeitungen. Ihm danke ich für die Darstellung der ersten gut zwei Jahrhunderte Zeitungsdruck.

Boris Fuchs (Frankenthal) hat als Ingenieur in der Drucktechnik und als Fachautor einen Jahrzehnte lang erarbeiteten guten Namen. Er hat es übernommen, die Entwicklung des Zeitungsdrucks von der Schnellpresse bis heute darzustellen.

Beide Autoren haben umfangreiches Bildmaterial zusammengetragen, das auch dem Laien – und zu diesen gehören leider auch die meisten Zeitungsforscher – ermöglichen soll, die Veränderungen des technischen Betriebs im Zeitungsdruck nachzuvollziehen.

Wenn man die Grundzüge der hier zusammengestellten Entwicklungsgeschichte kennt, sind die interessanten Exponate im Mainzer Gutenberg Museum, in der Drucktechnischen Abteilung des Deutschen Museums (München) oder auch in der Drucktechnischen Abteilung der Deutschen Arbeitsschutzausstellung (DASA) in Dortmund auch besser zu verstehen und einzuordnen.

Das Buch erscheint zum Internationalen Papierhistorikerkongress, Dortmund 2000: Neue Wege der Papiergeschichtsforschung – Bilanz und Perspektiven, die im September d. J. von der Stiftung Westfälisches Wirtschaftsarchiv (Dortmund) ausgerichtet wird.

Im Mai 2000 Hans Bohrmann

Martin Welke

DIE ENTWICKLUNG DER FRÜHEN ZEITUNGSDRUCKTECHNIK (17. UND 18. JAHRHUNDERT)

DIE ENTWICKLUNG DER FRÜHEN ZEITUNGS-DRUCKTECHNIK

Die Zeitung – nach der Definition ein periodisch erscheinendes Druckerzeugnis mit aktuellem und universalem Inhalt, das sich an jedermann wendet – ist nicht von ungefähr erst eineinhalb Jahrhunderte nach Gutenbergs Erfindung des Druckens mit metallischen Einzeltypen im deutschen Sprachgebiet entstanden. Regelmäßiges Publizieren von Nachrichten aus allen Teilen der damals bekannten Welt setzt eine regelmäßige Belieferung der Redaktionen mit Korrespondentenberichten von den Brennpunkten des Geschehens voraus. Einen stetigen Nachrichtentransport konnte in der Frühzeit des Pressewesens allein die Post verbürgen, deren Routennetz sich aber erst am Anfang des 17. Jahrhunderts so weit verdichtete, dass der neue Berufsstand der „Avisenschreiber“ das auf Neuigkeiten versessene Publikum Woche für Woche – mitunter sogar schon häufiger – gegen Gebühr mit gedruckten Nachrichtenblättern versorgen konnte.

Bevorzugt durch die günstige Lage im Schnittpunkt der europäischen Poststraßen, über die Nachrichten von überall her einliefen, und durch die regionale Vielfalt und die Konkurrenz der Konfessionen (die sich über das kirchliche Elementarschulwesen segensreich auf die Lesefähigkeit auswirkte) eher gefördert als gehemmt, entwickelte sich die an der Schwelle zum 17. Jahrhundert im südwestdeutschen Raum entstandene Zeitung – die ersten Spuren weisen nach Konstanz und Straßburg – im Heiligen Römischen Reich ungleich kraftvoller und vielförmiger als anderswo. Bis zur Französischen Revolution erschienen hier stets mehr und in der Regel auch auflagenstärkere Zeitungen als im übrigen Europa zusammen; allenfalls in den Generalstaaten der Niederlande und in England gab es vergleichbare Strukturen.

So bildete sich denn im deutschen Zeitungswesen schon früh eine Konkurrenzsituation heraus. Um 1700 erreichten die 60 nebeneinander bestehenden periodischen Nachrichtenblätter aufgrund der vorherrschenden Form der gemeinschaftlichen Lektüre mehrere hunderttausend Leser. Während des Siebenjährigen Krieges (1756 – 1763) stillten schon mehr als eine Million Deutsche ihren Nachrichtenhunger aus der Tagespresse und an der Wende vom 18. zum 19. Jahrhundert wandten sich nahezu zweihundert Zeitungen mit einer Gesamtauflage zwischen 250.000 bis 300.000 Exemplaren – ausgedruckt von mehreren hundert hölzernen Handpressen – an drei bis vier Millionen Menschen.

Im Geschäft mit den täglichen Nachrichten konnten sich nur Unternehmen behaupten, die den Leseerwartungen ihres Publikums genügten. Die periodische Tagespresse verdankt ihre Existenz dem Bedürfnis der Zeitgenossen, über das Weltgeschehen nicht nur kontinuierlich, sondern auch aktuell unterrichtet zu werden. Nicht von ungefähr führen zahlreiche Zeitungen im 17. und 18. Jahrhundert den eilig galoppierenden Postreiter – zu dieser Zeit das Maß aller Dinge in Hinsicht auf die Geschwindigkeit – als Vignette in ihrem Titelkopf. Der Leser erwartete von den Redaktionen, dass die gerade über die Post einlaufenden Korrespondenzen unverzüglich zur Veröffentlichung kamen. Blätter, die wie Matthias Claudius' „Wandsbecker Bothe" einen Aktualitätsrückstand gegenüber der ortsansässigen Konkurrenz aufwiesen – sei es auch nur von wenigen Stunden –, waren hoffnungslos unterlegen und konnten auf Dauer nicht existieren.

Der Anspruch, dem Publikum mit größtmöglicher Aktualität zu dienen, forderte den Beteiligten auf allen Ebenen des Zeitungsmachens außerordentliche Leistungen ab. Der Redakteur, der in der Frühzeit der Presse oft auch als Verleger fungierte, mußte die einlaufenden Korrespondenzen (sofern diese fremdsprachig waren) sofort übersetzen, ihren Informationswert im Vergleich mit den anderen vorliegenden Berichten prüfen, Wesentliches von Belanglosem scheiden und in Zuarbeit auf die Setzer und Drucker das Gesamtmanuskript so weit reduzieren, dass es auf einem halben Druckbogen Platz fand. Das war das Quantum, das sich nach einem höchst rationellen Verfahren, das im Folgenden näher beschrieben wird, in einigen Stunden, allenfalls in einem Tagwerk in der erforderlichen Stückzahl – mochte diese auch schon recht stattlich sein – ausdrucken ließ.

Entgegen einer verbreiteten Ansicht hat sich das Druckwesen in den dreieinhalb Jahrhunderten, in denen es ausschließlich auf der hölzernen Handpresse praktiziert wurde, erheblich weiterentwickelt. Wohl erfuhr Gutenbergs Grundidee, den Text mit metallischen Einzeltypen zu setzen und den Abdruck nicht mehr durch Reiben, sondern über eine Spindelpresse zu erzeugen, bis ins 19. Jahrhundert keine Veränderung. Die Summe der Detailverbesserungen, die aus der Praxis des täglichen Druckens erwuchsen, steigerte aber die Leistungsfähigkeit – hier im Sinne von Höchstauflagen pro Arbeitstag – im Vergleich zu den Anfängen in Gutenbergs Tagen um ein Mehrfaches. Dabei wurden wesentliche Fortschritte, die hier noch vorgestellt werden, bereits in der

Zeit vor dem Aufkommen der Zeitung erzielt. Die Erfordernisse im Zeitungsdruck, bei dem es stärker als bei anderen Druckerzeugnissen darauf ankam, in kurzer Zeit eine möglichst hohe Stückzahl herzustellen, zwangen zu konsequentem Durchdenken der Arbeitsabläufe, um diese noch weiter zu beschleunigen. Dieses Diktat der Zeitersparnis führte schon in der ersten Hälfte des 17. Jahrhunderts in so starkem Maße zu einer „Perfektionierung der Vereinfachung", dass sich der Zeitungsdruck, der zumindest in Deutschland Drucktag für Drucktag deutlich mehr als die Hälfte der gesamten Papierproduktion „fraß", zu einem Spezialzweig des Druckwesen entwickelte.

Während man sich im Buchdruck darum bemühte, ästhetischen Kategorien Rechnung zu tragen, was einen entsprechenden Aufwand in Gestalt schön gesetzter Zeilen und eines gleichmäßigen Farbauftrags erforderte, brauchte man im Zeitungsdruck nur der Mindestnorm zu genügen, den Text hinreichend gut lesbar aufs Papier zu bringen. Diese Selbstbeschränkung zugunsten der Geschwindigkeit beim Zeitungssatz ist selbst für typographische Laien schon im Äußeren der periodischen Nachrichtenblätter des 17. und 18. Jahrhunderts leicht wahrzunehmen. Auf das „Spationieren", das Ausgleichen der Abstände zwischen den Wörtern und innerhalb der Wörter bei bestimmten Buchstabenkombinationen, um ein ebenmäßiges, gefälliges Schriftbild zu erreichen, konnten die Zeitungssetzer nur wenig Sorgfalt richten.

Um Handschriften möglichst getreu nachahmen zu können, hatte Gutenberg beim Druck der 42zeiligen Bibel rund 290 unterschiedliche Schriftzeichen geschnitten und zu Lettern ausgegossen (darunter allein 63 Kleinbuchstaben und über 80 Buchstabenverbindungen, sogenannte „Ligaturen") und sich so in den Stand gesetzt, die einzelnen Zeilen in idealen Proportionen auszuschließen. Als die Zeitung ihre Existenz begann, waren durch die Zwänge des Arbeitsalltags längst Setzkästen im Gebrauch, die mit wesentlich weniger Schriftzeichen auskamen. Der sogenannte „Teutsche Schriftkasten", der die „deutsche" (Fraktur-) Schrift aufnahm, kam mit gut 90 Zeichen aus, die Spatien und anderes Material zum Abstandhalten nicht mitgezählt.

Die ersten Zeitungen konnten durchaus noch auf dieser Grundlage gesetzt werden; die Ausweitung des Nachrichtengeschäftes, insbesondere der Übergang zum mehrmaligen Erscheinen in der Woche und die damit verbundenen Verarbeitung größerer Textmengen führte zu Überlegungen, wie der Setzvorgang beschleunigt werden konnte. Während dem „Teutschen Setzkasten" nur neun, mitunter zehn Ligaturen integriert waren, wurde deren Zahl im Zeitungssatz bedeutend erhöht. Dazu konnten ständig wiederkehrende Wörter wie „und", Präfixe wie „ver" und „ent" oder häufig vorkommende Präpositio-

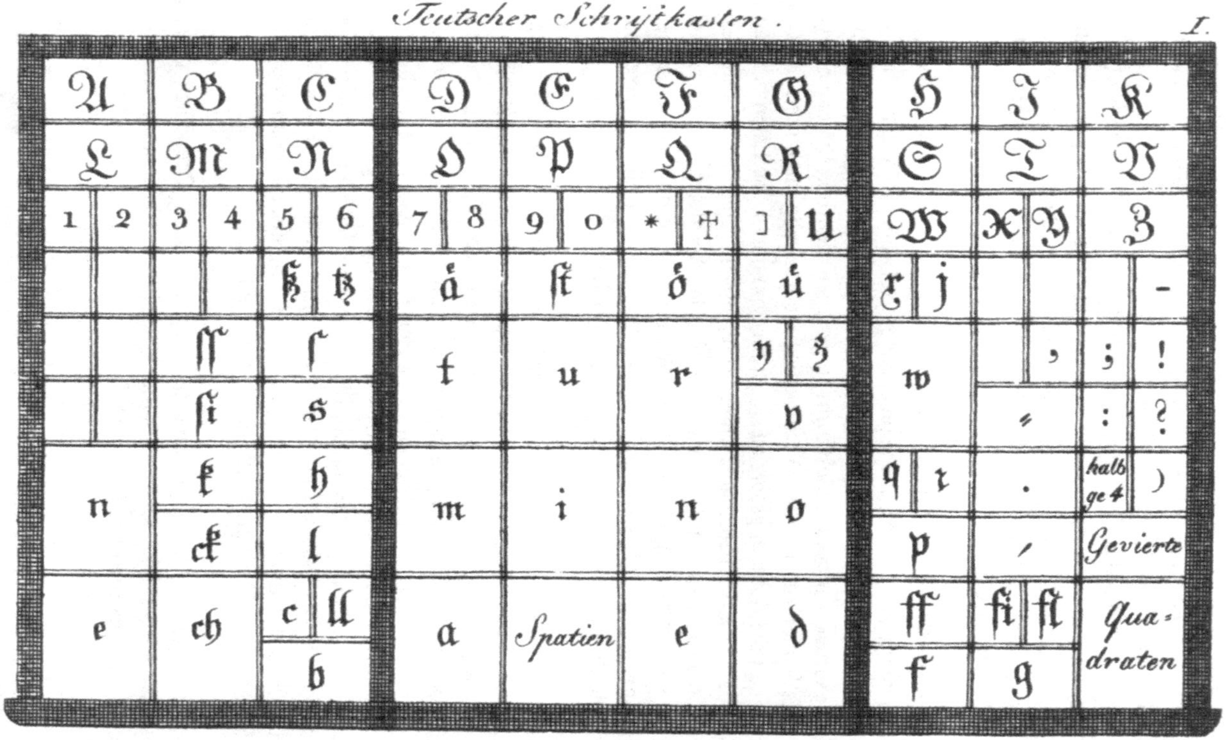

Sogenannter „deutscher“ Schriftkasten (Aus: Chr. Gottlieb Täubel: Neues theoretisch-praktisches Lehrbuch der Buchdruckerkunst. Wien 1810)

nen gehören, ohne dass sich dabei feste Normen ausbildeten. Dadurch ließen sich Sekunden einsparen, die sich in der Wiederholung rasch zu Minuten addierten. Die Berufsgruppe der Zeitungssetzer hob sich aufgrund der an sie gestellten Anforderung, umfängliche Texte in kürzester Zeit fehlerfrei zu bewältigen, für die Zeitgenossen deutlich von ihren Kollegen im Buchdruck ab. So zeigte sich Goethe verärgert, dass seine Werke wesentlich mehr Setzfehler enthielten als die viel eiliger erstellten Zeitungen. Er schloss daraus, dass als Zeitungsetzer wesentlich „vigilantere" Kräfte beschäftigt wären.

Das in der Regel hochqualifizierte Personal in den Zeitungssetzereien wartete mit imponierenden Arbeitsleistungen auf: 2.500 bis 3.000 Lettern konnte diese Setzer in der Stunde in Winkelhaken zu Zeilen formieren und hernach im Setzschiff zu ganzen Seiten montieren. Die Zeilen selbst liefen im 17. Jahrhundert – von wenigen Ausnahmen abgesehen – noch über die gesamte Breite der Zeitungsseite; die lesefreundliche Aufteilung in zwei Kolumnen setzte sich erst im 18. Jahrhundert durch. Bis ins frühe 19. Jahrhundert hinein wurden die deutschen Zeitungen ganz überwiegend im Umfang eines halben Bogens gedruckt, der meist vierseitig im Quartformat, recht häufig aber auch achtseitig in Oktav „ausgeschossen" wurde. Im Durchschnitt enthielt eine Quartseite gut 3.000 Schriftzeichen, die Titelseite wegen des mitunter aufwendig gestalteten Kopfes entsprechend weniger. Mithin konnte eine Zeitungsnummer einen aus rund 12.000 Buchstaben bestehenden Text fassen. Dazu musste ein gestandener Setzer etwa viereinhalb Stunden arbeiten. Hatte er, was üblich war, einen Kollegen zur Seite, so reduzierte sich die Arbeitszeit entsprechend. Hinzu kam noch der Aufwand für die Zurichtung der gesamten Druckform, die ins Metier der Setzer fiel. Die Seiten mußten standrichtig zueinander angeordnet („ausgeschossen"), mit Keilen oder einem Schraubsystem in die Form geschlossen und die Oberfläche des Satzes mit dem Klopfholz völlig geebnet werden. Somit wird man bei einer angemessenen Ausstattung mit routinierten Zeitungssetzern die „Druckvorstufe" im Zeitalter der hölzernen Handpressen mit etwa zweieinhalb Stunden anzusetzen haben.

Der am stärksten Zeit sparende Faktor im Produktionsprozeß der Zeitung lag in der Komprimierung des Manuskripts auf ein Quantum, das sich auf einem halben Bogen ausdrucken ließ und im raffiniert-einfachen Ausschießen der vier Quart- bzw. acht Oktavseiten durch den Setzer. Während im Buchdruck der Setzer zwei verschiedene Druckformen herstellen mußte, um die Vorderseite (sogenannter „Schöndruck") und die Rückseite („Widerdruck") eines Bogens bedrucken zu können, richtete man für den Zeitungsdruck die Seiten in der Form so gegeneinander aus, dass sich – wie das hier vorgestellte Setzschema zeigt – eine zweite Form erübrigte. Wenn das Druckerpaar (Ballen-

und Pressenmeister) im Schöndruck eine Zahl von Bogen bedruckt hatte, die genau der Hälfte der Gesamtauflage der Zeitung entsprach, mußte für den Widerdruck nach einem Wenden der bereits bedruckten Vorderseite der Druck auf der unveränderten Druckform nur wiederholt zu werden, um beiderseitig eine richtige Textabfolge zu erhalten: Auf die Rückseite der Schöndruck-Seite 1 kam die Widerdruck-Seite 2, auf die Schöndruck-Seite 4 die Widerdruck-Seite 3, auf die Seite 2 des Schöndrucks die Seite 1 des Widerdrucks und auf die dritte Seite des Schöndruck die vierte Seite des Widerdrucks. Nach einer Teilung ergab jeder Bogen zwei nach Inhalt und Satzspiegel identische Zeitungen. Deshalb beträgt das Standardformat der deutschen Tagespresse im 17. und 18. Jahrhundert einen halben Bogen, der aus vier Quart- oder acht Oktavseiten bestehen konnte.

Satzschema

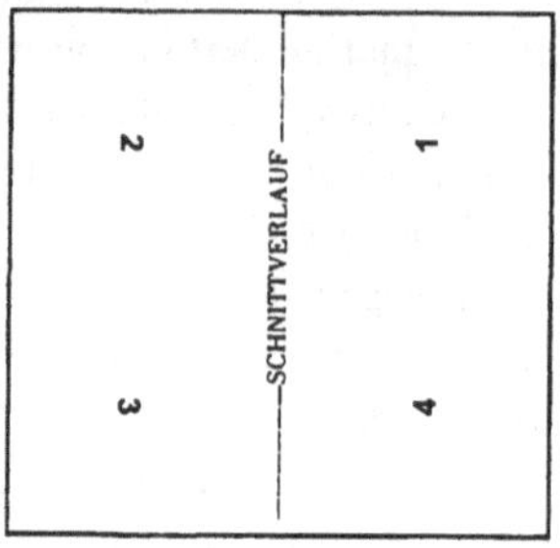

Halber Bogen aus vier Quartseiten

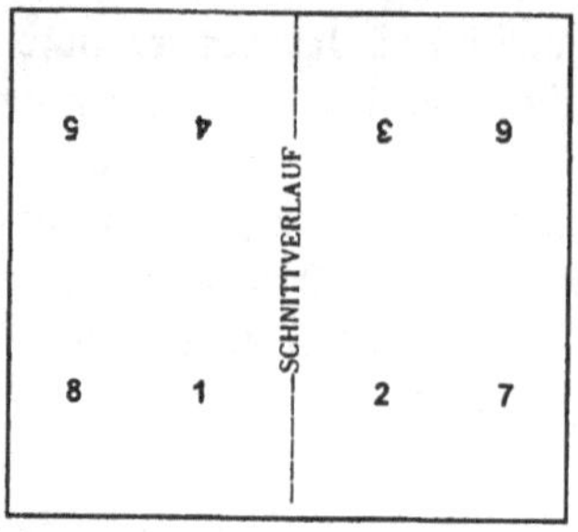

Halber Bogen aus acht Oktavseiten

Das Verfahren, von einem Bogen zwei gleiche Texte zu gewinnen – im modernen Vokabular der Drucker spricht man von „Zwei-Nutzen-Druck" –, mußte für den Zeitungsdruck freilich nicht eigens entwickelt werden, waren doch schon zuvor kleinformatige Drucksachen (so etwa Ablaßbriefe oder Flugschriften) auf diese Weise hergestellt worden. Es ist aber bei der Herstellung der periodischen Tagespresse mit großer Konsequenz praktiziert worden.

Auch von Seiten der Drucker wurde durch eine ebenso schlichte wie wirksame Überlegung, die das Bogenformat und die Tiegelgröße betraf, der Herstellungsvorgang erheblich beschleunigt. Dies nachzuvollziehen, setzt eine kurze Beschreibung der Presse voraus.

Als die Zeitung ihre Existenz begann, war die Presse, die Gutenberg nicht mehr erfinden mußte (denn vor ihm wurden bereits „Blockbücher" von hölzernen Formen gedruckt), weitgehend ausgereift. Wenn die Annahme der Forschung, die hölzerne Druckerpresse sei aus der Weinpresse entwickelt worden zutrifft, so hält sich ihr äußerer Gestaltwandel über die Jahrhunderte in Grenzen; noch zu Beginn des 19. Jahrhunderts mutet ihre Konstruktion recht behäbig an. Eine Summe von Detailverbesserungen jedoch, die nicht sofort ins Auge springen, erhöhten im Laufe der Zeit deren Leistungsfähigkeit erheblich. Sie betrafen vor allem die beweglichen Teile, bei denen nach Möglichkeit Holz durch Metall ersetzt wurde, so dass sich Schmiermittel einsetzen ließen,wodurch sich die Leichtgängigkeit und damit auch die Schnelligkeit des Druckes erheblich verbesserten.

Das Bild der hölzernen Druckerpresse wird dominiert durch zwei starke, senkrecht stehende „Preßwände", Pfosten rechteckigen Querschnitts, deren Höhe von Presse zu Presse unterschiedlich (meist zwischen1,80 m bis 2,20 m) ausfällt. Aus Gründen der Standfestigkeit wurden die Preßwände unten fest in stabile längliche „Füße" gezapft. Zwei kräftig dimensionierte Querbalken (Ober- und Unterbalken) und eine „Krone" als oberer Abschluß verbanden die beiden Preßwände. Der Oberbalken trug zentral in einer Aussparung die großformatige Messingmutter, die das Gewinde der Spindel aufnahm. Von der Spindel, einem zapfenförmiger Eisengußkörper, ging rechtwinklig ein eiserner Stab ab, der sogenannte „Preßbengel", der in einen Holzgriff mündete. Der Zug des Druckers auf den Preßbengel lieferte über die sich nach unten drehende Schraube der Spindel den Druck, der Papier und eingeschwärzten Bleisatz zusammenpresste: Die Spitze des Spindelzapfens oder Spindelhalses wirkte in der Abwärtsbewegung auf das „Pfännchen", das den messingnen oder eisenbeschlagenen Tiegel krönte; der rechteckige Tiegel nahm den Druck der Spindel auf und gab ihn auf das unter ihm befindliche „Druckgut" ab.

Der Tiegel mußte sich im „Ruhezustand" über dem Druckstock befinden und sich erst mit der durch Bengelzug ausgelösten Abwärtsbewegung der Spindel auf das „Druckgut" senken. Deshalb war er an einer mit der Spindel gekoppelten quaderförmigen „Büchse" mit vier „Klafterschnüren" aufgehängt. Um die Drehbewegung der Spindel nicht auf den Tiegel zu übertragen, wurde die Büchse durch eine „Brücke" geführt, ein starkes Brett unterhalb des Oberbalkens, das eine quadratische Öffnung besaß, die genau dem Querschnitt der Büchse entsprach und so ein „Auswandern" verhinderte.

Auf dem Unterbalken war in waagerechter Ausrichtung das etwa eineinhalb Meter lange Laufbrett (mitunter auch mit leichteren Balken als Rahmen ausgebildet) fixiert, das an beiden Enden durch senkrechte Pfosten abgestützt wurde. Auf dem Laufbrett waren eiserne Schienen befestigt, auf denen der Karren mit der fixierten Druckform lief. Unter dem Karren befanden sich eiserne Klammern, die auf den Schienen des Laufbrettes ruhten, wodurch sich mit Hilfe von Schmiermitteln der Druckstock leicht unter den Tiegel fahren ließ. Am Karren war mit Scharnieren ein etwa gleich großer, mit Leinen bespannter Deckel befestigt; mit diesem war, ebenfalls über Scharniere, das „Rähmchen" verbunden. Dieser doppelte Klappmechanismus, der in geöffnetem Zustand an einem hölzernen „Galgen" oder an einem senkrecht gespannten Seil („Himham") lehnte, diente der Aufnahme und Fixierung des zu bedruckenden Papiers. Das Rähmchen, in dessen Bespannung Öffnungen geschnitten waren, die genau den in die Druckform geschlossenen Seiten entsprachen, wurde auf den Deckel geklappt, um die dort eingelegten auf zwei kurze nagelartige Eisen (Punkturen) gespießten noch unbedruckten Bögen exakt in ihrer Lage zu halten, wenn auch der Deckel eingeklappt wurde, wodurch das Druckpapier auf dem eingeschwärzter Bleisatz zu liegen kam.

Mit Hilfe eines Kurbelmechanismus an der Unterseite des Laufbretts, der über Gurte mit dem Karren verbunden war, ließ sich dieser mit der Druckform unter den Tiegel positionieren. Nun konnte der Pressenmeister durch einen kräftigen Bengelzug den Druckvorgang ausführen: Die Spindel senkte sich und gab über ihren Zapfen den Druck auf den Tiegel ab, der Papier und Bleisatz gegeneinander presste. Beim Widerdruck verfuhr man ebenso, wobei die nun gewendeten Bögen wieder in bereits entstandenen Löchern auf die Punkturen gestochen wurden, um deckungsgleiche Satzspiegel auf der Vorder- und Rückseite zu erhalten.

Das Verfahren, über Kurbel und Gurte eine leichtere Beweglichkeit des Karrens zu erreichen und damit den Druckvorgang zu verkürzen, hatte sich schon ein halbes Jahrhundert nach Gutenberg etabliert, wie eine der frühesten Abbildungen einer Druckerpresse (Druckermarke des Jodocus Badius Ascensius aus dem Jahre 1507) zeigt. Anfangs wurde der Karren von Hand mit einigem Kraftauswand direkt unter den Tiegel geschoben. In den ältesten Ansichten von Druckwerkstätten, die freilich aus Mangel an Präzision in den Details von begrenztem Informationswert sind, können wir überaus kräftig ausgelegte Spindeln erkennen, deren Gewinde aus dem Oberbalken herausragt; sie waren offenkundig aus Holz gefertigt. Um 1550 soll Leonhard Danner in Nürnberg die metallische Spindel eingeführt haben; wenig später scheint sie allgemeine Verbreitung gefunden haben. Ihr Vorzug war evident: Sie war nun schmierbar und lief, mit entsprechenden Auswirkungen auf die Druckgeschwindigkeit, wesentlich leichter als die schwerfällige Holzspindel.

Fast ebenso leistungssteigernd wie die konstruktiven Verbesserungen der Pressen in der Nach-Gutenberg-Zeit wirkten im Zeitungsdruck Überlegungen, die Arbeitsabläufe so einfach wie möglich zu gestalten, die Presse selbst durch kleinere Veränderungen auf die spezifischen Erfordernisse dieses Zweiges der Druckkunst abzustimmen und die richtige Wahl des Verbrauchsmaterials – Papier und Farbe – zu treffen.

Das Format der Papierbogen, die im Buchdruck verwendet wurden, war deutlich größer als die Abmessungen des Tiegels. Deshalb waren zwei Arbeitsschritte notwendig: Zunächst wurde die eine Hälfte der Druckform unter den Tiegel gefahren und durch Ziehen des Preßbengels die erste Hälfte des Bogens bedruckt, dann wurde der Vorgang für den zweiten Teil der Form und des darüberliegenden Bogenteils wiederholt. Die Arbeit auf der „Zwei-Zug-Presse" hatte in ästhetischer Hinsicht den Vorteil, durch die kleine Fläche des Tiegels einen harten Druck und damit ein klares Schriftbild zu liefern. Dieses Verfahren war den Zeitungsdruckern zu zeitaufwendig. Sie wählten für ihre Zwecke einen deutlich größeren Tiegel und ein geringfügig kleineres Papierformat, so dass sie – freilich mit Abstrichen an der Druckqualität – nur einen Bengelzug benötigten, um den ganzen Bogen zu bedrucken, was den gesamten Arbeitsgang im Vergleich zum Buchdruck um etwa ein Viertel verkürzte.

Darüber hinaus verzichteten die Zeitungsdrucker auf das im Buchdruck übliche Anfeuchten des Papiers am Tag vor dem Druck, ein Geschäft, das Zeit und große Erfahrung erforderte. Auf schwach feuchtem Papier ließ sich ein gleichmäßigeres Druckbild erzeugen, weil die Farbe besser angenommen wurde. Allerdings bedurften die bedruckten Bögen danach noch des Aufhängens auf dem Trockenboden auf Stangen oder Schnüren – ein Aufwand der im Zeitungsdruck nicht geleistet werden konnte, weil die druckfrischen Exemplare unverzüglich an die Post zum Vertrieb im Lande abgegeben oder den ortsansässigen Beziehern zugestellt werden mußten.

Deshalb mußte das Druckpapier, das grundsätzlich keine oder nur eine ganz schwache Leimung erhielt, für die Zeitung noch saugfähiger als das im Buchdruck gebräuchliche sein. Deshalb wurde in den Zeitungsdruckereien gern auf geringwertiges Papier zurückgegriffen. Die dazu verwendeten Lumpen wurden weniger fein zerstampft und zermahlen, wobei der Papiermasse Abfälle der Buchbinder und Seiler, „mißratenes" Papier aus den Mühlen und mitunter ein wenig verdrucktes Altpapier beigegeben werden konnten. Dieses billige „Schrenzpapier" wurde nach dem Schöpfen und Trocknen nicht oder nur flüchtig durch Hammerwerke oder Kalander (Walzen) geglättet. Es war deshalb weniger dicht und so extrem saugfähig, dass ausgelesene Zeitungen in Kanzleien gelegentlich als Löschpapierersatz gebraucht wurden.

Solche Papiere ließen die Verwendung einer Druckfarbe zu, die von ihrer Konsistenz her dünnflüssiger als üblich und deshalb einfacher zu verarbeiten war. Das ging zwar zulasten der Randschärfe der Schrift, weil die Farbe im saugfähigen Papier zum leichten „Ausbluten" tendierte, konnte aber hingenommen werden, weil es im Zeitungsdruck ja nur um Lesbarkeit und weniger um Ästhetik ging. Bei der Zubereitung der Druckfarbe, die aus Leinölfirnis und Ruß (aus harzhaltigem Kiefernholz gewonnen) bestand, wurden unterschiedlich zähe Firnisse erzeugt, die mit dem eingerührten Ruß Farben von abgestufter Geschmeidigkeit ergaben. Dabei galt die Regel, dass hochwertige, geleimte Papiere „starke" und geringwertige Schrenzpapiere „schwache", d. h. weniger stark eingekochte Firnisse verlangten. Die richtige Wahl der Farbdichte, die einen großen Einfluß auf die Arbeitsgeschwindigkeit hatte, war ein diffiziles Geschäft. Dabei mußte sogar die Raumtemperatur mitberücksichtigt werden. So berichtet der niederländische Drucker David Wardenaar, der 1801 seine Arbeitswelt im Buch- und Zeitungsdruck ausführlich beschrieben hat (ediert von Frans A. Janssen, Harlem 1982), dass die Zeitungsdrucker bei den in der Nacht abgesunkenen Temperaturen, bei denen sie zu arbeiten hatten, der Farbe „ein bißchen (ein Fingerhut voll könnte schon reichen) schwach gekochten Firnis' hinzufügen" mußten.

Besonders geschmeidige Druckfarben hatten nicht nur den Vorzug, daß sie das „Auftragen" mit den gepolsterten, in Stielen auslaufenden Lederballen erleichterten, sondern auch die Gefahr verringerten, dass einzelne, nicht fest in den Zeilen sitzende Lettern durch das klebrige Firnis-Ruß-Gemisch versehentlich herausgezogen wurden. Je dünner die Farbe beschaffen war, umso weniger war ein Haftenbleiben der Lettern an den Ballen und damit eine Unterbrechung des Fortdrucks zu befürchten.

Unter den geschilderten Umständen, die in Bezug auf die Druckgeschwindigkeit in ihrer Wirkung kumulierten, konnten die Zeitungsdrucker bis zur Fertigstellung der gesamten Auflage ohne jede „Standzeit" der Presse durcharbeiten und mit imponierenden Tagesleistungen aufwarten. Diese sind freilich nicht allein durch die Ausrichtung und Feinabstimmung auf die spezifischen Belange des Zeitungsdrucks, sondern auch und nicht zuletzt auf die körperliche Belastbarkeit und den Einsatzwillen der Drucker erzielt worden. Die zeitgenössischen Hand- und Lehrbücher des Druckwesens stimmen darin überein, dass das Gewerbe eine robuste Natur verlange:

„Das Drucken ist eine den Körper sehr angreifende und ermüdende Arbeit. Es taugt daher nicht jede Körperconstitution zu diesem Geschäfte. Ein schwacher und weichlicher Körper hat die Kräfte nicht, die dazu erfordert werden" (E. W. G. Kircher: Anweisung in der Buchdruckerkunst, Braunschweig 1793). Dies galt in gesteigerter Form für den Zeitungsdruck.

Der Ballenmeister, der mit dem Pressenmeister das „Gespann" an der Presse bildete, hatte beim Einfärben der Form mit den Ballen Mühe, der Arbeitsgeschwindigkeit seines Kollegen zu folgen. Wenn der Ballenmeister dem Pressenmeister nach dem Auftragen Platz machte, mußte letzerer das Rähmchen auf den Deckel legen, dann beides auf die Form klappen, mit einer vollen Kurbelumdrehung den Karren mit der Form unter den Tiegel fahren, mit großem Körpereinsatz den Preßbengel auf sich zu ziehen, diesen zurückstoßen, den Karren zurückfahren, Deckel und Rähmchen aufschlagen und den frisch bedruckten Bogen ablegen, während gleichzeitig der Ballenmeister, der inzwischen Farbe vom Stein des Farbkastens auf die Ballen genommen hatte, erneut „auftrug". Diesen Vorgang wiederholten die Zeitungsdrucker etwa sechs- bis

Innenansicht einer Druckerei. Radierung von C. F. Boetius, 1740

siebenmal in der Minute! Die einzige Unterbrechung dieser zügigen Arbeitsweise erfolgte nach jeweils 25 Druckgängen, weil dann das im Deckel fixierte Papier (ein „Buch“ von 25 Bogen) verbraucht war und durch eine neue Partie ersetzt werden mußte. Die körperlichen Anstrengungen waren dabei so groß, dass im Zeitungsdruck der Tausch des Arbeitsplatzes innerhalb des „Gespanns“ wesentlich häufiger als im Buchdruck vorgenommen werden mußte. Dort wechselten Ballen- und Pressenmeister nur etwa drei bis viermal am Tag ihre Rollen.

In extremen Fällen konnte die Arbeitsgeschwindigkeit in Bereiche gesteigert werden, die uns höchste Bewunderung abnötigen. David Wardenaar, der sowohl im Buch- wie im Zeitungsdruck tätig war und deshalb aus eigener langer Erfahrung vergleichen konnte, schildert seine Arbeit als Drucker des „Rotterdamsche Courant“ mit einiger Ironie und sichtlich unzufrieden mit der Druckqualität so: „Ich selber habe dieses Stückchen während sechs Jahren ausgeführt und tausendmal 250 Bögen einseitig innerhalb einer halben Stunde [!] auf die hergebrachte Weise (schnell und schlampig) hingewirbelt (es handelt sich dabei denn auch nicht um [richtiges] Drucken); dadurch hatte derjenige, der die Druckerschwärze auftrug alle Hände voll zu tun, um die Lettern nur kurz einzuschmieren (von richtigem Auftragen kann denn auch nicht die Rede sein).“ Wardenaars Zahlen werden durch eine amerikanische Quelle aus den letzten Jahren des 18. Jahrhunderts bestätigt, ja sogar leicht überboten. Danach soll eine Zeitungspresse, an der allerdings ein „Gespann“ von drei Druckern arbeitete, 600 Bogen einseitig in der Stunde bedruckt haben. In beiden Fällen wird sich die Auflage wohl in Grenzen gehalten haben, wodurch die Arbeit nur wenige Stunden gedauert haben dürfte.

Von solchen Extremen abgesehen konnten auf die beschriebene Weise in einem etwa 14 bis 15 Stunden währenden Arbeitstag im Routinebetrieb gut 2000 Bögen beidseitig bedruckt werden, was nach den Zerteilen der Bögen mehr als 4000 Zeitungen ergab. Zeitungsunternehmen, die eine höhere Auflage absetzen konnten – davon gab es in Deutschland eine ganze Reihe – mußten ihre Druckereien mit mehreren Pressen ausstatten. Die technischen Vorgaben der Zeit dürften auch Einfluß auf die Erscheinungshäufigkeit der periodischen Publizistik genommen haben. Die tägliche Ausgabe, zu der einzelne deutsche Zeitungen mit freilich überschaubarer Auflage schon im 17. Jahrhundert übergegangen waren, setzte sich bei den herausragenden Blätter des 18. Jahrhunderts nicht durch; diese kamen in der Regel viermal in der Woche heraus, so dass für die Drucker zum Erstellen des Restes der Auflage, die mit später abgehenden Posten an die Abonnenten gebracht werden konnten, etwas Zeit blieb, ebenso für die dringend gebotene Erholung.

So bleibt also zu bilanzieren, dass die in der druckhistorischen Literatur stetig wiederholte Behauptung, die hölzernen Handpressen seien „schwerfällige" Instrumente gewesen, nicht aufrecht zu erhalten ist. Die ausgereifte hölzerne Handpresse hatte erkennbar einen Grad an Leichtgängigkeit und damit auch an Leistungsfähigkeit erreicht, mit dem sie den Erfordernissen ihrer Zeit durchaus genügen konnte. Nicht von ungefähr setzen denn auch erst an der Schwelle vom 18. zum 19. Jahrhundert im Zeichen einer rasant wachsenden literarischen und publizistischen Produktion auf unterschiedlichen Ebenen Bemühungen ein, die Druckgeschwindigkeiten durch grundlegend neue Konstruktionsprinzipien der Pressen zu steigern.

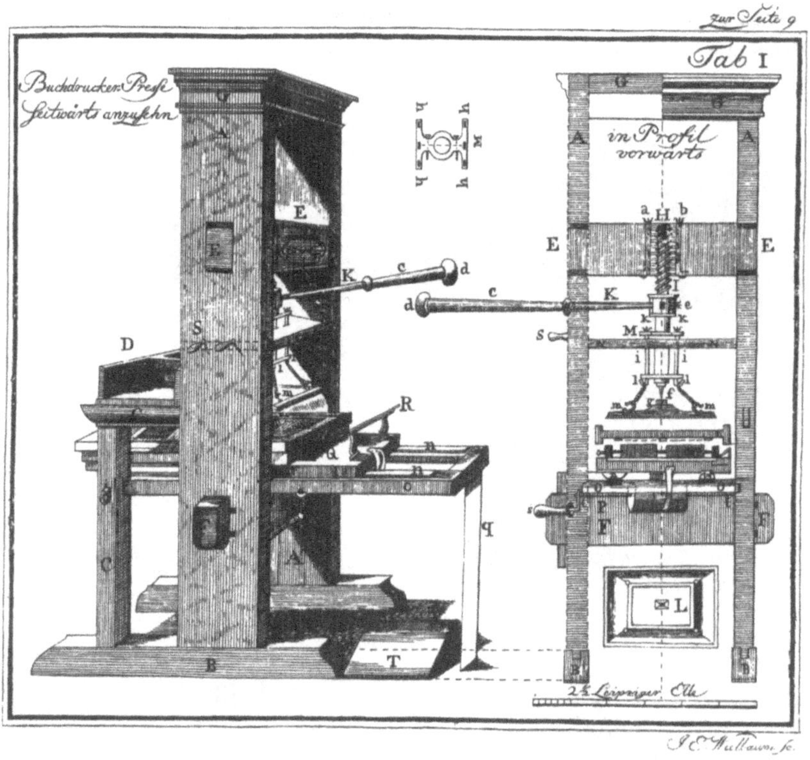

Gewöhnliche deutsche Buchdruckerpresse (Aus: E. W. G. Kircher: Anweisung in der Buchdruckerkunst. Braunschweig 1793) Abb. 1

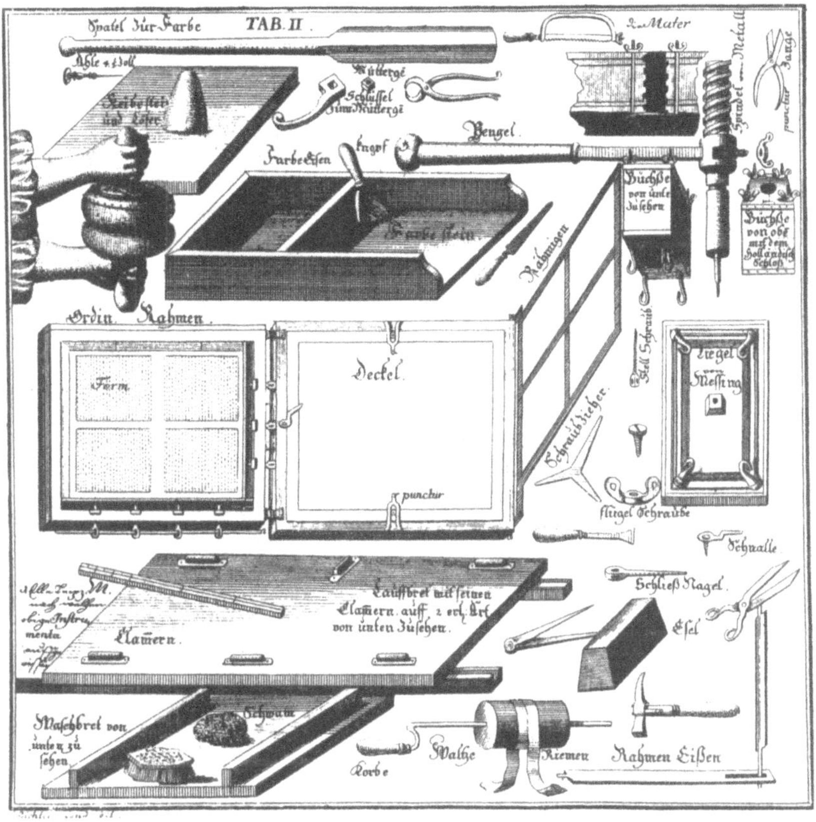

Die Instrumente des Buchdruckers (Aus: Chr. Friedrich Gessner: Die so noethig als nuetzliche Buchdruckerkunst und Schriftgießerey. Leipzig 1740) Abb. 2

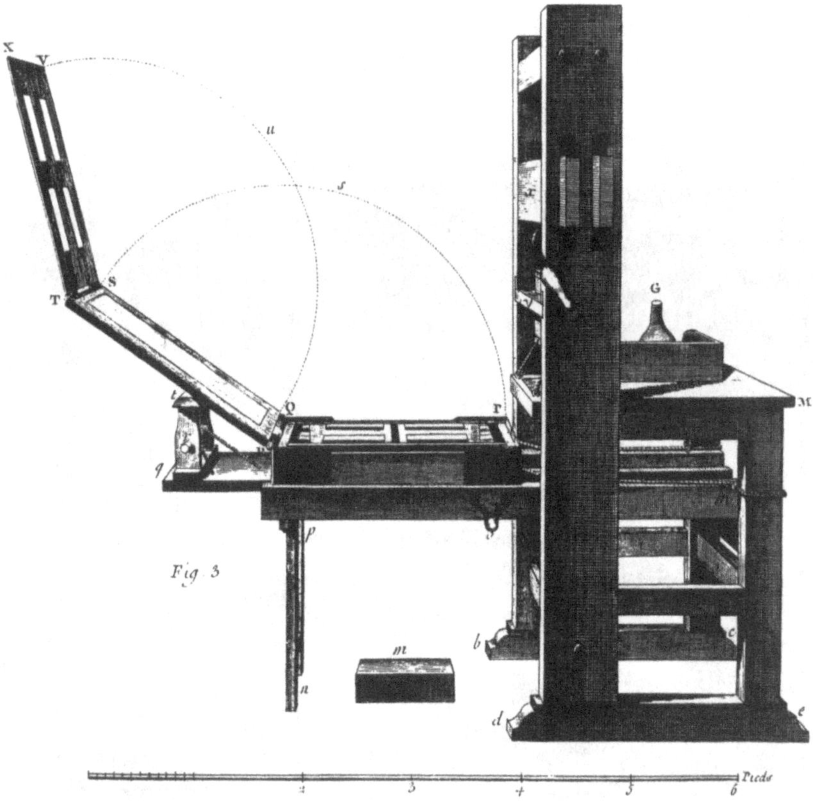

Seitenansicht der hölzernen Buchdruckerpresse in „geöffnetem" Zustand
(Aus der Encyclopédie von Diderot und d' Alembert 1769) Abb. 3

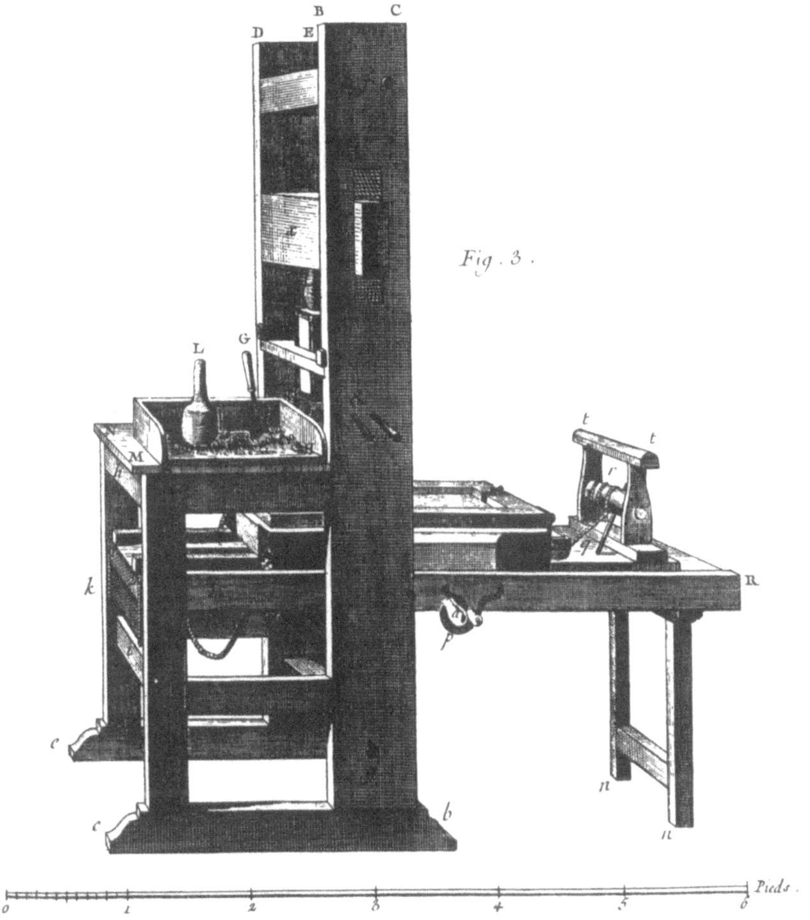

Buchdruckerpresse in „geschlossenem“ Zustand (Aus der Encyclopédie von Diderot und d' Alembert 1769) Abb. 4

Frontansicht der „geschlossenen“ Presse (Aus der Encyclopédie von Diderot und d' Alembert 1769) Abb. 5

Boris Fuchs

DIE GESCHICHTE DER ZEITUNGDRUCKMASCHINEN IM 19. UND 20. JAHRHUNDERT

DIE GESCHICHTE DER ZEITUNGSDRUCK-MASCHINEN

Die eiserne Buchdruckerpresse

Der Übergang von der hölzernen zur eisernen Buchdruckerpresse ist zu Beginn des 19. Jhd. eher fliessend als abrupt. Ein Grund kann darin gesehen werden, dass eiserne Pressen gut das Doppelte bis zum Dreifachen einer hölzernen Presse kosteten. Manche Pressen wurden zu Beginn deshalb auch kombiniert aus Holz und Eisen, bzw. Stahl gefertigt. Ein anderer Grund rührt daher, dass die Metallbearbeitung in Kontinentaleuropa zu Beginn des 19. Jhd. noch in den Kinderschuhen steckte und nur in England eine genügende Fertigungsgüte erreicht wurde.

Die erste eiserne Buchdruckerpresse baute 1772 der Baseler Schriftgiesser Wilhelm Haas. Genaugenommen war es keine ganzeiserne, denn der Sockel war aus Stein und der sog. „Rost“ (Tisch) war aus Holz. Sie war einer Münz- oder Knopfmacherpresse jener Zeit nachempfunden. Ihr Gestell bildete einen geschlossenen Bogen, in dem sich in einer metallenen Schraubenmutter die ebenfalls metallene Schraubenspindel bewegte. Zur Bewegung der Spindel zur Druckanstellung des Tiegels war damals schon der einseitige Bengel durch ein „Balancier“ ersetzt worden, d.i. eine Querstange mit Gewichten an beiden Enden, was die Bewegung und das Kraftaufbringen erleichterte.

Die erste ganzeiserne Buchdruckerpresse (Abb. 1) geht um 1800 auf Charles Lord Stanhope zurück, der mit Hilfe des Mechanikers Robert Walker eine neue Entwicklung im Pressenbau einleitete. Die entscheidende Neuerung an ihr war, dass die Spindel durch einen zusammengesetzten Hebel bewegt wurde. Dieses System erlaubte es, den Tiegel unter geringem Kraftaufwand sanft auf die Druckform zu senken, wobei es erst am Ende des Zugs zu einer Kraftvermehrung kommt, die sich positiv auf das Druckergebnis – besonders beim Druck kleiner Schrift – auswirkt.

Die in der Folge auf den Markt kommenden eisernen Buchdruckerpressen, die mit Mehrfachnutzen (mehrere gleiche Seiten auf einem Bogen) und der Parallelaufstellung von mehreren Pressen auch für den Zeitungsdruck eingesetzt wurden, werden nach den Wirkprinzipien ihrer Druckanstellungen in vier Gruppen eingeteilt: die Schrauben- oder Spindelpressen (wie die beiden vorbeschriebenen), die Keilpressen, die Pressen mit einfachen oder zusammengesetzten Hebeln und die Kniehebelpressen.

Bei den Keilpressen handelt es sich um „gebogene Keile“ oder schraubenförmig angeordnete „Schiefe Ebenen“, die den Kraftanstieg auf den Tiegel durch Drehung bewirken. Mit anderen Worten gesagt, wird nur ein kleines Segment einer Schraube als Wirkfläche benutzt. Ein typischer Vertreter dieser Gruppe ist die Hoffmannsche Presse, die ab 1826 in Leipzig gebaut wurde.

Die wohl berühmteste Vertreterin der Gruppe der Pressen mit einfachen oder zusammengesetzten Hebeln ist die prächtg verzierte Columbia-Presse (Abb. 2) – ein Exemplar davon befindet sich in der DASA (Deutsche Arbeitsschutz-Ausstellung, Dortmund) – ,die George Clymer zwischen 1813 und 1816 in Philadelphia, USA baute und weite Verbreitung fand. 1817 geht Clymer nach London und gründet dort eine zweite Firma – er war inzwischen 63 Jahre alt. Auch in Europa wurde ihr ein grosser Erfolg zuteil, was schon daraus ersichtlich ist, dass sie allein in England von mindestens 25 Herstellern nachgebaut wurde.

Als Vertreterin der Kniehebelpressen sei die Dingler-Presse (Abb. 3) genannt, die Christian Dingler 1837 in Zweibrücken baute und auf den Markt brachte. Nach seinen eigenen Worten hatte sie Ähnlichkeit mit der in Amerika so beliebten Washington-Presse. Sie bestand in ihrem Wirkprinzip aus einem kippbaren Zapfen zwischen Tiegel und Pressenrahmen, der mit einem Hebel über den sog. „Totpunkt“ geführt wurde und dabei den Kraftanstieg auf dem Tiegel bewirkte. Später verbesserte Dingler seine Presse noch zur „Zweibrücker-Presse“ (Abb. 4), bei der vier Kipphebel an die Stelle des einzigen traten, um den Kraftanstieg auf dem Tiegel über die gesamte Fläche zu vergleichmässigen.

Eine Weiterentwicklung der eisernen Buchdruckerpresse in Richtung Selbsteinfärbung stellt die Selligue-Presse (Abb. 5) dar, die 1827 in Paris von einem Mechaniker mit Namen Selligue entwickelt und in Deutschland von Johann Deisler in Koblenz gebaut wurde. Bei ihr wird die Druckform nicht bewegt und steht fest unter dem Tiegel. Eingefahren wird das Rähmchen, auf dem der Druckbogen befestigt ist. Das Rähmchen ist so gross ausgelegt, dass immer eine Hälfte ausserhalb der Druckform liegt. So kann bereits während des Druckvorgangs ein neuer Bogen eingelegt werden, und das Rähmchen muss für jeden Druckvorgang nur einmal bewegt werden. Die Auftragwalzen sind mit dem Rähmchen verbunden und färben bei dessen Bewegung die Druckform ein. Deisler hat 1839 seine Presse als eine doppeltarbeitende Selligue-Presse bezeichnet, „die als Mittelpresse zwischen der gewöhnlichen Handpresse und der eigentlichen Maschinenpresse liege". Gemeint war damit, dass sie dem besonders dienlich ist, der sich aus Kostengründen noch keine teure Schnellpresse leisten kann.

Die Schnellpresse

Die Sternstunde für den Zeitungsdruck begann am Abend des 28. November 1814, als zum ersten Mal „The Times" in London auf zwei Doppel-Schnellpressen (Abb. 6) „mittels Dampf", wie ihr Verleger John Walter es nannte, gedruckt wurde. Zuvor waren dafür eiserne Stanhope-Pressen eingesetzt worden. „The Times" hatte zu diesem Zeitpunkt eine Auflage um 5000 Exemplare täglich, bestand jedoch nur aus vier Seiten. Die beiden Doppel-Schnellpressen waren von dem deutschen Erfinder Friedrich Koenig und seinem. Mechanikerfreund Andreas Bauer in London gebaut worden. Dorthin waren sie beide ausgewandert, um von der höher entwickelten Maschinenbautechnik in England zu lernen. Friedrich Koenig hatte schon vorher in Deutschland versucht, eine Schnellpresse zu bauen, die er 1803 in Suhl in Thüringen begann, aber wegen des Mangels an geeigneten Metallbearbeitungstechniken ganz aus Holz gefertigt werden musste. Dies und andere Gründe führten dazu, dass er den Bau vor der Fertigstellung aufgeben musste. Er nahm Verbindung zu möglichen Partnern in London auf und siedelte im November 1806 selbst dorthin um.

In London gründet er 1807 mit mehreren Partnern eine Maschinenfabrik zu dem Zweck, eine erste Schnellpresse zu entwickeln und zu bauen. Gut drei Jahre später, am 29. März 1810, erhält Friedrich Koenig ein Patent auf seine Maschine, und er benötigt ein weiteres Jahr, um sie in Betrieb zu setzen. Sie entsprach wie die Suhler-Presse einer mechanisierten eisernen Buchdruckerpresse (Abb. 7), denn sie verwandte zur Druckanstellung immer noch den Tiegel. Die Druckleistung war deshalb mit 400 Bogen pro Stunde relativ bescheiden. Er begann deshalb sogleich mit einer zweiten Maschine (Abb. 8), die statt des Tiegels einen kräftigen Druckzylinder einsetzte, im Dezember 1812 fertiggestellt war und 800 Bogen pro Stunde erreicht haben soll. Sie konnte endlich dem Verleger John Walter gefallen und nachdem ihm daran das Prinzip einer Doppelmaschine erklärt worden war, bestellte er spontan zwei Doppel-Schnellpressen, die zwei Jahre später zu dem eingangs erwähnten Ereignis bei „The Times" führten.

Die wesentlichen Konstruktionsmerkmale dieser ersten im Zeitungsdruck eingesetzten Schnellpresse betreffen den gross dimensionierten Druckzylinder mit Bogenanlage, den Mangelantrieb der Druckform, bezw. des „Karrens", für den Hin- und Hergang, sowie das Walzenfarbwerk mit der selbsttätigen Farbzuführung. Als Doppelmaschine ausgelegt, waren zwei Druckzylinder und zwei Farbwerke vorhanden, jedoch nur eine Druckform. Sie erreichte so 1100 Bogen pro Stunde, weil der bei der Einfachmaschine unproduktive Rücklauf für einen weiteren Abdruck genutzt werden konnte.

Die Einführung des Schnellpressendrucks bei „The Times" lief nicht ohne eine gewisse Dramatik ab. Man hatte nämlich den Druckern an den eisernen Buchdruckerpressen verschwiegen, dass im Nachbarraum die beiden Doppel-Schnellpressen aufgestellt wurden und eine Dampfmaschine zu deren Antrieb bereitstand. Als der Abend des 28. November 1814 kam, hielt man die Handpressendrucker mit der Ausrede hin, eine wichtige Nachricht vom Kontinent müsse abgewartet werden. Als die beiden Doppel-Schnellpressen die Auflage gedruckt hatten, trat John Walter vor die Handpressendrucker hin mit dem Ausruf: „The Times is already printed by steam!", was natürlich bei den Handpressendruckern Niedergeschlagenheit und Zorn hervorrief. John Walter ermahnte jedoch zur Ruhe und versprach jedem seinen bisherigen Lohn unverkürzt weiterzuzahlen, bis für sein Unterkommen gesorgt sei.

Enttäuschung machte sich einige Zeit später auch bei Friedrich Koenig und dessen Kollegen Andreas Bauer breit, als die Zusammenarbeit mit den Partnern in der gemeinsamen Maschinenfabrik immer unerfreulicher wurde. Zwar hat Friedrich Koenig 1816 noch eine sog. Komplettmaschine für den gleichzeitigen Schön- und Widerdruck (Abb. 9) herausgebracht und eine verbesserte Einfachmaschine für seinen Partner Richard Taylor begonnen, deren Fertigstellung von Andreas Bauer übernommen werden musste, doch seine Geduld war am Ende und so verliess er London am 10. August 1817, um im säkularisierten Kloster Oberzell bei Würzburg ein eigenes Unternehmen aufzubauen, das er allein mit seinem ihm nachreisenden Freund Andreas Bauer betreiben wollte.

Kurz vor seiner Abreise aus London hatte Koenig mit John Walter noch Verbesserungen für die beiden Doppel-Schnellpressen besprochen, die diese auf je 1500 bis 2000 Bogen pro Stunde brachten (Abb. 10) und von Andreas Bauer ausgeführt wurden, bevor auch dieser nach Oberzell übersiedelte. Die tägliche Auflage von „The Times" war nämlich auf 6000 (1817) und 7000 (1820) Exemplare angestiegen. Die wesentliche Konstruktionsverbesserung betraf dabei, dass statt alternierend stoppenden Druckzylindern kontinuierlich drehende Druckzylinder eingeführt wurden, denen Bogenbeschleuniger mittel Bändern die Bogen auf dem Anleger zuführten. In die modernere Fachsprache übersetzt bedeutete dies, dass die Stoppzylindermaschinen in Eintourenmaschinen umgerüstet wurden. Erst später kam im Schnellpressenbau noch die Zweitourenmaschine hinzu.

Kaum in Oberzell angelangt, reiste Friedrich Koenig nach Berlin, um bei der „Haude- und Spener'schen Berliner Zeitung" seinen ersten Auftrag auf zwei Einfach-Schnellpressen hereinzuholen. Neben der Aufgabe, die Doppel-Schnellpressen für „The Times" zu verbessern, war dies der erste grosse Auftrag für das junge Unternehmen in Oberzell, das nach Bauers Rückkehr die Produktion im Juli 1818 aufgenommen hatte. Später wurde der Vertrag auf zwei Komplettmaschinen umgewandelt, um alle seither gemachten Verbesserungen mit übernehmen zu können.

1836 entstand in Wien mit der Schnellpressenfabrik Helbig & Müller das erste Konkurrenzunternehmen zu Koenig & Bauer auf dem Kontinent – in England hatten die ehemaligen Partner von Friedrich Koenig in eigener Regie Schnellpressen weitergebaut. Helbig & Müller ist es zu verdanken, dass der weder ruck- noch stossfreie Mangelantrieb bei den Schnellpressen durch einen Kurbeltrieb mit Rollradführung des Karrens ersetzt wurde (Abb. 11, 12), was die Konstruktion nicht nur vereinfachte, sondern auch verbesserte. Für die Stoppzylinder entwickelten sie einen kurvengesteuerten Fanggabel-Mechanismus und Greifer für das Festhalten der Bögen auf dem Druckzylinder. Diese Konstruktionsmerkmale wurden später Allgemeingut und von weiteren Konkurrenten, auch von Koenig & Bauer übernommen.

1840 kamen Koenig & Bauer ihrerseits mit einem neuen Antrieb bei ihren Schnellpressen heraus, die als Kreisbewegungsmaschinen (Abb. 13) bezeichnet wurden und deren Antriebsprinzip einem grossen Planetengetriebe (Abb. 14) gleichkam. Es wurde von Andreas Bauer entwickelt, der nach dem Ableben von Friedrich Koenig der „spiritus rector" des Unternehmens wurde.

1847 bauten Koenig & Bauer speziell für den hochauflagigen Zeitungsdruck sog. vierfachwirkende Doppelmaschinen, die mit drei Druckzylindern ausgestattet waren (Abb. 15). Die erste so konzipierte Maschine ging an die Kölnische Zeitung, die zweite 1849 an den Verlag Decker in Berlin. In London waren schon 1828 die von Koenig gelieferten Doppel-Schnellpressen von vierfachwirkenden Maschinen (Abb. 16) ersetzt worden, die 1827 von Augustus Applegath entwickelt wurden. Ihr Bändersystem war jedoch äusserst kompliziert, sodass es häufig zu Störungen kam.

Mit dem Aufkommen des Rotationsdrucks verschwanden diese mehrfachwirkenden Maschinen vom Markt und es kristallisierten sich im 20. Jhd. drei Grundtypen heraus: die Stoppzylindermaschine, die Eintourenmaschine und die Zweitourenmaschine. Letztere waren wegen ihrer beidseitig weit auslagernden An- und Ableger besonders lang, nach dem Zweiten Weltkrieg wurden jedoch auch kompakte Ausführungen (wie der „Poly" von M.A.N und der „Condor" von Koenig & Bauer) möglich. Die Eintourenmaschine blieb mit dem Original Heidelberger Zylinderautomat (OHZ) eine Spezialität der Schnellpressenfabrik Heidelberg. Die Schnellpressenfabrik Frankenthal, Albert & Cie. spezialisierte sich bis zuletzt in allen Formatklassen auf Stoppzylindermaschinen.

Die Tiegel-Presse

Auch aus den Handdruckpressen mit dem Tiegel- statt dem Zylinderprinzip entstanden automatische Druckmaschinen, wenn sie auch nur für Kleinstauflagen von Zeitungen geeignet waren.

Da gab es zunächst den Gordon-Tiegel, erfunden von dem Amerikaner Geo Phineas Gordon um 1850, bei dem Tiegel und Fundament zwei getrennte Wellen hatten und während der Druckanstellung aufeinander zu klappten. Der 1857 von dem deutschen Auswanderer in den USA, Otto Degener, erfundene Liberty-Tiegel reduzierte die Bewegung von Tiegel und Fundament auf eine Spindel, was die Kinematik wie bei einem Scharnier schon wesentlich vereinfachte, doch es blieb bei der beidseitigen Bewegung. 1850 baute J. Golding erstmals in Boston den nach dieser Stadt in USA genannten Boston-Tiegel, bei dem das Fundament fest angeordnet wurde und der Tiegel mittels einer unter dem Fundament angeordneten Welle zur Druckanstellung darauf klappte. Ihr Nachteil lag nur noch in der winkligen Anstellbewegung begründet, was bei Eindrucken zu leichten Quetschrändern führen konnte. John Merrit Gally erfand deshalb 1870 den Gally-Tiegel (Abb.17), bei dem das Fundament wie beim Boston-Tiegel feststand, der Tiegel aber über ein Exzentergetriebe mit Führung kurz vor dem Druck eine parallele Stellung zum Fundament einnahm.

Ein automatischer Bogenanleger gelang erstmals dem Kölner Buchdrucker Gilke, der 1913 ein Patent darauf für einen Boston-Tiegel erhielt. Mit diesem schnellumlaufenden Propellergreifer mittels Maltesergetriebe wurde ab 1925 der schon legendäre Heidelberger-Tiegel überaus erfolgreich, zumal mit einer Kniehebel-Übersetzung seine Druckkraft gesteigert und mit einer Doppelanlage seine Leistungsfähigkeit auf 2600 Bogen pro Stunde angehoben werden konnte.

Die Buchdruckrotationsmaschine

Als Friedrich Koenig 1814 seine Doppel-Schnellpresse an „The Times" lieferte, hatte er sich schon Gedanken darüber gemacht, wie eine Rotationsdruckmaschine auszusehen hätte, die von der endlosen Papierrolle, statt von einzelnen Bogen druckte. 1811 war ihm sogar schon ein Patent auf eine „Round-about" genannte Maschine (Abb. 18) erteilt worden, bei der die Flachform auf einem Karussell unter acht sternförmig angeordneten, konischen Druckzylindern hindurchlief. Um zu einer echten Rotationsdruckmaschine zu kommen, brauchte es jedoch eine gebogene bzw. runde Druckform. Der erste, der diese Rundform durch Aneinanderreihung von keilförmigen Typen auf einem Zylinder erzeugen wollte, war der Engländer William Nicholson, der sogar 1790 ein Patent auf seine Idee zugesprochen bekam.

Die Verwirklichung der Keiltypen-Rotation gelang erst 1846 dem englischen Generalpostmeister Sir Rowland Hill, nachdem diesem 11 Jahre vorher ein Patent für den Druck von der endlosen Rolle zuerkannt worden war.

1829 war Jean Baptiste Genoux in Paris die Erfindung der „nassen" Prägemater gelungen, der Firmin Didot den Namen „Stereotypie" gegeben hatte (Abb. 19).

Der Schweizer James Dellagana lernte das Verfahren in Paris bei Genoux kennen und eröffnete 1855 in London mit seinem Bruder ein Geschäft zur Herstellung von Flach-Stereotypien. Dabei muss er auf die Idee des Rundbiegens der Matern gekommen sein, denn von 1856 an experimentiert man bei „The Times" mit solchen Rundformen auf der Appelegath-Maschine (Abb. 20), die in Umkehrung des Prinzips der „Round-about"-Maschine von Friedrich Koenig einen vertikal angeordneten Rundform-Zylinder verwendete, an dem die einzelnen Bogen abgedruckt wurden.

Über einen Charles Craske kam die Kunde von den „nassen“ Prägematern nach den USA und 1854 gelang es ihm damit für „The New York Herald“ halbrunde Stereotypieplatten herzustellen. Die führende Druckmaschinenfabrik in USA war damals die von R. Hoe & Company. in New York. Sie baute daraufhin wahre Monstermaschinen (Abb. 21) mit sechs, acht und zehn Anlegern samt Druckzylindern an einem riesigen Formzylinder. Diese als Buchdruckbogenrotationsmaschinen zu bezeichnenden Maschinen, die ganze mehrstöckige Hallen füllten (Abb. 22), stellten den Übergang vom Bogen- zum Rollendruck dar.

Eine echte Buchdruckrotationsmaschine, die von der Rolle druckt, erfand William H. Bullock in einer ersten Version 1859 (Prototyp und Patentanmeldung) und in einer zweiten, verkaufsfähigen Version 1863 bei „The New York Tribune“ (Abb. 23). Bullock gründete eine eigene Druckmaschinenfabrik, in der er jedoch alles weitgehend selbst machen musste. Im April 1887 überwachte er die Inbetriebnahme einer von ihm gelieferten Rotation beim „Philadelphia Public Ledger“, wobei sein Fuss so unglücklich vom Antriebsriemen der Maschine erfasst und schwer verletzt wurde, dass er neun Tage später daran starb. Sein Unternehmen, die Bullock Printing Press Company, bestand jedoch viele Jahre fort, trotz stärkster Konkurrenz durch Hoe & Company, sowie vieler weiterer Hersteller, denen er die entscheidenden Impulse zur Weiterentwicklung des Zeitungsdrucks vermittelt hatte.

1866 liess der Sohn von John Walter in London nach seinen Angaben eine Buchdruckrotationsmaschine, die Walter-Maschine (Abb. 24, 25) von J. Calverley konstruieren und bauen. Unmittelbar nach der Inbetriebnahme wurde eine zweite, verbesserte Version unter der Bezeichnung „Victory Press“ in Liverpool installiert und 1871 an die Wiener „Presse“ eine weitere Maschine geliefert.

Dies war ein Alarmzeichen für die deutschen Druckmaschinenhersteller. Noch im selben Jahr beschloss der Verwaltungsrat der M.A.N in Augsburg, den Chefkonstrukteur für Schnellpressen, Gustav Bissinger nach England zu entsenden, woraus der Bau der ersten M.A.N-Rotation 1873 (Abb. 26) resultierte. 1876 führte Friedrich Koenig jr., der Sohn des Schnellpressenerfinders, den Rotationsmaschinenbau auch bei Koenig & Bauer in Würzburg ein.

In Abb. 27 werden nochmals die Entwicklungsschritte, die zur Buchdruckrotationsmaschine führten in einer systematischen Übersicht zusammengefasst.

Noch legten diese frühen Buchdruckrotationsmaschinen nur ungefalzte Bogen nach vorausgehendem Querschneiden über eine sog. Rechenauslage aus. Der Falzapparat war noch nicht erfunden. 1851 erhielt der Engländer Blak zwar schon ein Patent auf einen Apparat zum Falzen von Papierbogen mit einer „Falzhaue", aber erst 1875 kommt das Tucker'sche Patent auf einen Falzzylinder mit rotierendem Falzmesser heraus. 1881 erfindet Robert Hoe den Falztrichter und 1882 die Wendestange. Damit liessen sich brauchbare Falzapparate entwickeln, bei denen allerdings der Bogentransport weitgehend mittels Bänderführungen geschah. Erst allmählich entstand der „bänderlose" Falzapparat mit Schneidmesser-, Falzmesser- und Falzklappenzylinder. Die Falzapparate erwiesen sich als das Nadelöhr der Produktivität. Nur langsam stiegen die Produktionsleistungen von 6 000 auf 10 000 und 15 000 Exemplare pro Stunde. Die parallele Aufstellung von mehreren Maschinen (Abb. 28) liess sie vervielfachen.

Mit dem Aufkommen des Mehrbahnen- und Mehrfarbendrucks gestalteten sich die Buchdruckrotationsmaschinen immer vielfältiger (Abb. 29). Es entstanden Mehretagenmaschinen (Abb. 30), wobei die Papierrollen auf gleicher Ebene wie die Druckwerke gelagert wurden und zum Rollenwechsel jeweils die ganze Maschine angehalten werden musste. Erst mit Erfindung und Einführung des automatischen Rollenwechslers (Abb. 31) setzte sich die Linienaufstellung (Abb. 32) durch, wobei die Rollenwechsler im Keller des Druckereigebäudes angeordnet wurden, damit die Papierbahnen auf kürzestem Weg und ohne Überschneidungen den einzelnen Druckwerken zugeführt werden konnten.

Aus den offenen Zahnrädern des Antriebs waren inzwischen gekapselte Getriebekästen (Abb. 33) geworden und Kegelradgetriebe mit Längs- und Stehwellen halfen grössere Distanzen in den sich streckenden Maschinen zu überbrücken. Neuerdings spricht man von wellenlosen Antrieben, bei denen alle Zylinder mit je einem elektronisch geregeltem Servomotor ausgerüstet sind und somit die mechanischen Verbindungen entfallen.

Die Buchdruckrotationsmaschinen gingen mit Beginn der 70er Jahre dieses Jahrhunderts ihrem Ende entgegen. Sie legten jedoch den Grundstein der daran nahtlos anschliessenden Offset-Rotationsmaschinen mit Leistungen von mehr als 80 000 Exemplaren pro Stunde pro Falzapparatausgang.

Die Offset-Rotationsmaschine

Heute werden nahezu alle Zeitungen im Offsetdruckverfahren hergestellt. Obwohl das Grundprinzip, die Lithographie bereits 1797 von Aloys Senefelder in München erfunden wurde, brauchte es noch über hundert Jahre bis daraus die Variante Offsetdruck wurde.

Die Erfindung des aus dem Blechdruck (indirektem Buchdruck) weiterentwickelten Offsetdrucks wird zwei Erfindern zugeschrieben, die beide um 1904 auf die Idee kamen, lithographische Druckplatten indirekt, d.h. über einen Gummituchzylinder abzudrucken. Da ist zunächst der Amerikaner Ira Washington Rubel, dem die folgende Story zugeschrieben wird: Rubel betrieb in Rutherford im Staat New Jersey eine kleine Stein- und Zinkdruckerei (direkt druckende Lithographie). Nach der Erzählung haben sich eines Tages beim Bedrucken von relativ hartem Banknotenpapier mit Rasterabbildungen Schwierigkeiten eingestellt. Rubel liess daher zum Erreichen eines besseren Druckergebnisses ein weiches Gummituch auf den Druckzylinder aufziehen, mit dem die Arbeit fortgesetzt wurde. Die Bogen-Anlegerin habe manchmal aus Unachtsamkeit einen Bogen ausgelassen, so dass unbeabsichtigt der Farbabdruck auf das Gummituch gelangte. Von dort wurde er auf die Rückseite des nachfolgenden Bogens übertragen. Als Rubel einen dieser Fehldrucke näher inspizierte, stellte er zu seinem Erstaunen fest, dass der Ausdruck auf der Rückseite zwar spiegelverkehrt, aber besser war, als der der Vorderseite. Er machte weitere Versuche und fand seine Beobachtungen bestätigt. Er gab seine Druckerei auf und widmete sich fortan ganz dem Bau von indirekt druckenden lithographischen Druckmaschinen, für die er bald die Bezeichnung „Offsetdruck" (Absetzdruck) benutzte.

Der andere, dem die gleiche Entdeckung zum gleichen Zeitpunkt (durch Vorerfindungen aus dem Blechdruck lag die Idee quasi in der Luft) zugeschrieben wird, war der deutsche Immigrant in die USA, Caspar Hermann, der zur Jahreswende 1904 / 1905 den Brüdern Alfred und Charles Harris, bzw. deren Harris Automatic Press Company das Angebot machte, deren Buchdruck-Bogenrotationsmaschinen für den Offsetdruck umzubauen. Am 09. Januar 1905 wurde ein Vertrag zur Zusammenarbeit in Niles, Ohio unterzeichnet und so wurde die Harris Automatic Press Company neben der von Rubel die erste Offsetdruckmaschinenfabrik und war darin wesentlich erfolgreicher als Rubel, der wenig später starb.

Caspar Hermann hatte neue Ideen für Mehrfarbendruckmaschinen, für Rollenoffsetdruckmaschinen und Maschinen für den gleichzeitigen

Schön- und Widerdruck (Abb. 34), für die er zur damaligen Zeit in den USA keine Möglichkeiten der Verwirklichung sah. Er trat deshalb im Mai 1907 die Rückreise nach Deutschland an. Vier Tage vorher war ihm ein Patent vom Kaiserlichen Patentamt in Berlin erteilt worden, dessen Bedeutung niemand ausser ihm erkannte. Es war dies das Patent zum Bau von sog. Gummi-gegen-Gummi-Druckmaschinen für den gleichzeitigen Schön- und Widerdruck.

Wie Friedrich Koenig ein Jahrhundert zuvor durch ganz Europa reisen musste, um einen Geldgeber für seinen Erfindungsgedanken zu finden, so schrieb auch Caspar Hermann alle bedeutenden Druckmaschinenfabriken in Mitteleuropa an, jedoch ohne Erfolg. Erst am 15. September 1910 meldete sich der damalige Inhaber der Druckwalzenfabrik Felix Böttcher in Leipzig mit Namen Ernst Herrmann auf sein Inserat.

Herrmann war von der Sache so überzeugt, dass er kurzentschlossen die VOMAG (Vogtländische Maschinenfabrik AG) in Plauen/Vogtland veranlasste – er war gleichzeitig Generalvertreter dieser Druckmachinenfabrik in seinem Bezirk – eine Rollenoffsetmaschine nach Caspar Hermanns Ideen auf seine Rechnung zu konstruieren und zu bauen.

Am 25. Juni 1912 wurde die „Universal“ (Abb. 35), wie die Maschine getauft wurde, bei Felix Böttcher in Leipzig im Druck vorgeführt. Die Maschine kam auf der Ausstellung „Bugra 1914“ (Buch und Grafik) zur Ausstellung und fand dort Anerkennung durch viele Verleger und Drucker. Erste Kunden auf dem Zeitungssektor wurden: Brandstetter in Leipzig, Ullstein in Berlin und Spamer in Leipzig. Die VOMAG wurde dadurch quasi gegen ihren Willen die erste Rollenoffsetdruckmaschinenfabrik der Welt und nahm darin bald eine marktbeherrschende Stellung ein. Alle Konkurrenten, die in der Folge auch in den Rollenoffsetdruckmaschinenbau strebten, mussten wegen der Patentsituation einen Zylinder mehr pro Druckstelle einsetzen (Abb. 36), was nicht nur Kostennachteile mit sich brachte.

Nach dem Zweiten Weltkrieg waren es die Amerikaner, die in den 60er Jahren den Rollenoffsetdruck auch bei Zeitungen wieder ins Gespräch brachten. In den 70er und 80er Jahren wechselten mit dem explosionsartigen Anwachsen des Vierfarbendrucks und der Einführung des Fotosatzes immer mehr Zeitungen zu diesem Druckverfahren, dass heute von einer nahezu 100%igen Deckung gesprochen werden kann (Abb. 37). Rettungsversuche für den angestammten Buchdruck mit Fotopolymerplatten statt Stereotypieplatten, mit indirektem Buchdruck, mit Flexodruck und der Wiedererfindung des direkt druckenden lithographischen Verfahrens, als „Di-Litho" in eine moderne Verpackung gebracht, konnten nur als Übergangslösung zum Offsetdruck für eine relativ kurze Zeitspanne Dienste leisten.

Heute sind die modernen Zeitungs-Offsetmaschinen durchgängig für den beidseitigen Vierfarbendruck ausgelegt und mit der Kompaktbauweise werden die Voraussetzungen für einen weiter greifenden dezentralen Druck geschaffen.

Die Tiefdruckmaschine

Das Tiefdruckverfahren wird zwar heute nur noch bei Illustrierten und Katalogen hoher Auflage eingesetzt, in seinen geschichtlichen Anfängen gab es jedoch durchaus Überlegungen, es wegen seiner hohen Bildqualität auf einfachem Papier zu einem Zeitungsdruckverfahren zu machen.

Lange Zeit wurde das bereits 1860 von dem Franzosen Auguste Godchaux erfundene Tiefdruckverfahren geheimgehalten, um damit teure Radierungen vorzutäuschen. Besonders die Engländer waren darin wahre Meister.

In Deutschland begannen sich vor der Wende vom 19. zum 20. Jhd. zwei Männer mit dem einschlägigen Problem zu beschäftigen und diesbezüglich Patente anzumelden: Dr. Eduard Mertens und Ernst Rolffs. Es dauerte aber bis zum Jahre 1907 bis beide die praktische Produktion nach ihrem Verfahren aufnehmen konnten. Inzwischen waren schon 1904 maschinell gedruckte Rastertiefdrucke, genannt „Mezzotintogravüre", von Ferdinand Bruckmann in München auf dem Markt erschienen. In England kam nämlich der Österreicher Theodor Reich mit dem Maschinenfabrikanten John Wood zusammen, woraus sich eine Zusammenarbeit zum Bau einer ersten Tiefdruckmaschine (Abb. 38) entwickelte, deren zweite Reich zu Bruckmann nach München mitnahm und deren dritte nach Philadelphia in die USA exportiert wurde, wo sich 1904 die American Photogravure Comp. formierte. Mit Kopien dieser Maschinen nahm der breiter angelegte Bau von Tiefdruckmaschinen seinen Anfang.

Zurück zu Mertens und Rolffs. Mertens hatte bereits 1897 in Berlin die Graphische Gesellschaft gegründet, um Druckwalzen für den Stoff- und Tapetendruck herzustellen, während Rolffs sich in seiner Textilfabrik in Siegburg ebenfalls den Problemen des Stoffdrucks zuwandte. Kommerzielle

Drucke auf Papier stellte er erst 1906 in der inzwischen gegründeten Deutschen Photogravure AG in Siegburg her. Auch an verschiedenen anderen Stellen in Europa wurde um die Jahrhundertwende intensiv daran gearbeitet, dem geheimgehaltenen englischen Tiefdruck auf die Schliche zu kommen. Sie wurden dort wegen ihrer hohen Farbdeckung „Rembrandtdrucke" genannt.

Bald nach der Gründung der Deutschen Photogravure AG und anschliessend an bestimmte Nebenverträge zwischen Rolffs und Mertens konzentrierte sich letzterer auf die Entwicklung des Tiefdrucks für Zeitungen. Er siedelte dazu im Jahre 1907 nach Mühlhausen im Elsass um, wo die Elsässische Maschinenfabrik ansässig war. Es kam so das österliche Ereignis für den Tiefdruck zustande, dass am Ostertag des Jahres 1910 die Freiburger Zeitung in Freiburg im Breisgau mit zwei Beilagen von je vier Seiten in einer Auflage von 20 000 Exemplaren erschien, die auf den Aussenseiten Bilder im Tiefdruck zeigten, die innerhalb des normalen Buchdrucktextes standen (Abb. 39, 40). Die Hybridmaschine, auf der diese Drucke hergestellt worden waren, bestand aus einer VOMAG-Buchdruckrotationsmaschine, die mit einem von Dr. Eduard Mertens konzipierten und von der Elsässischen Maschinenfabrik in Mühlhausen gebauten Tiefruckwerk (Abb. 41) zusammengekuppelt war.

Von da an wurde der Tiefdruck das bevorzugte Illustrationsverfahren für Zeitungen, woraus sich später die eigenständigen Tiefdruck-Illustrierten (Zeitschriften) entwickelten. Schon am 19. September 1910 kündigte das „Hamburger Fremdenblatt" an, dass man die (Eduard) Mertens-Drucklizenz erworben habe und am 19. Februar 1911 kam die „Frankfurter Zeitung" mit vier ganzseitigen Anzeigen im Tiefdruck heraus.

Im Mai 1912 folgte die Einführung des Tiefdrucks bei Rudolf Mosse in Berlin zum Druck der zweimal wöchentlich erscheinenden Beilage „Der Weltspiegel" im „Berliner Tageblatt".

Hybridmaschinen von Buchdruck und Tiefdruck wurden in Spanien noch bis in die 70er Jahre bei Tageszeitungen (ABC, Semana, La Vanguardia) eingesetzt, während in Deutschland aus dem Tiefdruckteil immer mehr eine Wochenend-Beilage wurde. Viele Zeitungsdruckereien betrieben deshalb nebenher noch eine Tiefdruckerei. Mit Einführung des Offsetdrucks bei Zeitungen sind diese jedoch vollständig verschwunden.

Die Setzmaschine

Die Geschichte des Zeitungsdruckens wäre unvollständig wiedergegeben, würde man dabei nicht auf die Entwicklung der Setzmaschine eingehen. Schon als Johannes Gutenberg um die Mitte des 15.Jhd. sein Drucksystem vorstellte, stand das Handgiessinstrument für die Bleilettern, das er schuf, gleichberechtigt neben der Buchdruckerpresse. Bis zum Beginn des 19. Jhd. war dies die einzige Art, Lettern zu giessen, in Setzkästen geordnet abzulegen, um von dort im Winkelhaken des Setzers zu Textzeilen zusammengesetzt und nach Abdruck wieder abgelegt zu werden.

Die erste Idee zu einer Setzmaschine kam erst 1807 auf, als sich der englische Ingenieur William Church damit intensiv beschäftigte und ihm 15 Jahre später, am 18. Februar 1822 ein Patent auf eine Setzmaschine erteilt wurde. Die erste Setzmaschine, die in der Praxis des Setzens zum Einsatz kam, wurde die "Pianotype" genannte Konstruktion (Abb. 42), für die James Hadden Young und Adrian Delcambre im März 1840 in England ein Patent erteilt wurde. Danach begann ein wechselvolles Spiel von über 200 Setzmaschinenerfindungen, denen allen der Nachteil anhaftete, dass sie die relativ weichen Bleilettern zwischen Setzen und Ablegen zirkulieren liessen, was immer wieder zum Verstopfen der Führungsbahnen und Kanäle führte. Auf die Idee, statt der Lettern die wesentlich stabileren Messing-Matrizen in den Umlauf zu schicken, kam erstmals der deutsche Immigrant Ottmar Mergenthaler in USA, als er 1876 mit Experimenten begann, die am 26. Mai 1884 zur Vorstellung der ersten Stabsetz- und Giessmaschine führte. Noch im gleichen Jahr wird die National Typography Company ins Leben gerufen und die Setzmaschine zur „Blowertype“ verbessert (Abb. 43), die am 03. Juli 1886 bei der „New York Times“ in Betrieb ging.

Wie Matthias Otto, ein Druckhistoriker aus Berlin ermittelt hat, waren die nordamerikanischen Zeitungsverleger, die sich im Februar 1887 in der ANPA (American Newspaper Publishers Association), der Vorläuferin der heutigen NAA vereinigt haben, die ersten Förderer der Setzmaschinenentwicklung. Bereits vor der Gründung der ANPA ergriffen mehrere Verleger die Initiative, um die Realisierung und Produktion der im Werden begriffenen Mergenthaler'schen Setzmaschine voranzutreiben. Das „Syndicate of Prominent Newspaper Publishers“, an dem sieben Verleger u.a. Whitelaw Reid von der „New York Tribune“ und Stilson Hutchins von der „Washington Post“, beteiligt waren, übernahm die Kontrolle über die Firma, aus der 1886 die „Mergenthaler Printing Company“ hervorging.

Für Ottmar Mergenthaler führte dies aber auch zu einigen Schwierigkeiten. Die Blowertype fand zwar ab 1886 in den Setzereien des Syndicats vielfachen Einzug, doch bei der Arbeit in der täglichen Zeitungsproduktion gab es immer häufiger technische Probleme, die zum Ausfall der Maschinen führten. Mergenthaler, der die Blowertype nicht weiter vertreiben wollte, um erst einmal ihre Mängel zu beseitigen, wurde gezwungen, weiter zu produzieren. Es kam zum Bruch zwischen ihm und Reid mit der Konsequenz, dass er sich in seine Werkstatt nach Baltimore zurückzog, um an der Weiterentwicklung der Maschine zu arbeiten. Es kam so 1890 die „Square Base Machine" auf den Markt und 1892 mit dem Modell „Simplex" der endgültige technische Durchbruch.

In den folgenden Jahren überzog die seit November 1891 in „Mergenthaler Linotype Company of Jersey" umbenannte Gesellschaft ihre Konkurrenten mit Patentprozessen, die sie ab Mitte der 1890er Jahre zum Monopolisten für Zeilensetzmaschinen werden ließ. Nur noch die Thorne-Typensetzmaschine und später die Monotype-Einzelbuchstabensetz- und -gießmaschine von Tolbert Lanston konnten sich weiter durchsetzen.

Nach dem Auslaufen Der Lionotype-Patente war es wieder ein Verleger, der mit dem Bau einer Setzmaschine das Monopol der Linotype brechen wollte. Hermann Ridder, der Herausgeber der deutschsprachigen Zeitung in USA, der „New York Staats-Zeitung" und Direktor der Nachrichtenagentur AP (Associated Press) gründete 1911 die International Typesetting Machine Co., die sich neben der Herstellung von Matrizen und Ersatzteilen für Linotype-Setzmaschinen auch mit dem Bau einer eigenen Setzmaschine beschäftigte. Im März 1913 wurde die erste Maschine, die den Namen „Intertype" erhielt und dem Modell 5 der Linotype sehr ähnlich war, beim „New York Journal of Commerce" aufgestellt. Sie erwies sich als rund 30% billiger gegenüber der entsprechenden Linotype-Maschine.

Mit der Linotype Simplex (Abb. 44), die 1889 entstanden war, nahm die Linotype-Setzmaschine ihre endgültige Gestalt an, die sie fast ein ganzes Jahrhundert im Prinzip beibehalten sollte, mit Nachahmungen und Verbesserungen durch Konkurrenzprodukte, wie die ebenfalls amerikanische Intertype und die russische Neotype, sowie vereinfachten Varianten wie die Typograph-Setzmaschine (Abb. 45) von Rogers. Eine separate Entwicklung zu Einzelbuchstaben-Setzmaschinen führte 1887-1893 zur „Monotype" von Tolbert Lanston (Abb. 46), deren erste auf der Columbian Worlds Fair 1893 in Chicago gezeigt wurde und deren Patent Lanston 1897 an den Earl of Dunraven in Salsford, England verkaufte, worauf dort die Lanston Monotype Ltd. entstand.

In Deutschland dauerte es relativ lange, bis sich die Zeitungsverleger zur Einführung der Setzmaschinen entschliessen konnten. Das Gespenst des eisernen Kollegen (Abb. 47) wurde an die Wand gemalt und die Verleger versuchten die bezügliche Streiks zu vermeiden. Als sie dann jedoch eingeführt waren, hielt man wiederum relativ lang an ihnen fest, zumal man sie inzwischen zu lochbandgesteurten Versionen, den sog. TTS-Maschinen (Abb. 48), was für „tele-type-setting" steht, ausgebaut hatte.

Der Fotosatz war ursprünglich nur für den Tiefdruck und Offsetdruck entwickelt worden, dort, wo man statt des erhabenen Satzes einen flachen Film für die Druckformherstellung benötigte. Niemand ahnte zu jener Zeit, dass auch einmal der Zeitungsdruck davon Gebrauch machen würde, wie auch niemand sich vorstellen konnte, dass einmal der Buchdruck vom Offsetdruck bei Zeitungen abgelöst würde.

Die Geschichte des Fotosatzes reicht mehr als 100 Jahre zurück. Schon 1893 meldete Arthur Ferguson in England ein Patent für ein Fotosetzgerät an. 1894 wird dem Ungarn E. Porzsold ein Patent auf eine Fotosetzmaschine gewährt, bei der über eine Tastatur einzelne Stangen zusammengefügt wurden, die an ihren Enden Lettern trugen, die mit einer Kamera abfotografiert wurden. 1895 wird dem Engländer William Friese-Green ein Patent zugesprochen (Abb. 49) , bei dem auch Stangen mit Lettern Verwendung finden und erstmals ein fotografischer Negativfilm zum Einsatz kommt. 1899 schlägt Richards ein Fotosatzsystem vor, das mit Durchlicht an einem rotierenden Segment mit Diapositiv-Lettern arbeitet. 1915 erhält Alfred E. Bawtree ein Patent auf ein Fotosetzgerät, das die Diapositive von Lettern auf einer kreisrunden, manuell bewegbaren Scheibe trägt und im gleichen Jahr wird den bekannten E-Technik-Unternehmern Siemens und Halske ein Patent auf eine Fotosetzmaschine zugesprochen, das die Lettern mittels Funkenentladung auf einen beweglichen Streifen Fotopapier belichtet. Die Liste der Fotosatzerfindungen liesse sich fast endlos so weiterführen, weshalb hier nur noch die Meilensteine erwähnt werden sollen.

Schon 1922 schlugen in den USA John Robertson, Thomas Brown und Andrew Orrell vor, Bleisetzmaschinen für den Fotosatz umzubauen, aber es dauerte noch bis 1950, dass die Intertype Corporation ihren ersten Fotosetter (Abb. 50) vorstellte, der nichts anderes als eine umgebaute Bleisetzmaschine war, bei der die umlaufenden Matrizen Diapositive der einzelnen Lettern enthielten.

1930 wurden dem Ungarn Edmund Uher in England verschiedene Patente auf eine Fotosetzmaschine erteilt, die sogar die M.A.N in Augsburg dazu bewogen, in dieses Geschäft einzusteigen. Über die Lieferung von wenigen Prototypen dieser Uhertype (Abb. 51), kam jedoch die ihrer Zeit weit vorauseilende Erfindung nicht hinaus. (Ein Exemplar der handbetriebenen Version ist in der Deutschen Arbeitsschutz-Ausstellung (DASA) in Dortmund zu sehen). Die erste über den Prototype-Status hinausgehende Praxisausführung einer Fotosetzmaschine war die Lumitype, später Photon genannte Maschine, die 1945 den Franzosen René Higonnet und Lous Moyroud patentiert wurde. Sie belichtete die Lettern mit einer Stroboskop-Lampe von einer rotierenden Scheibe herunter. Erst 1955 entstand die Linofilm, danach die Linotron aus der K.S.Paul-Kathodenstrahl-Setzmaschine und weitere zehn Jahre später die digital das Schriftbild auflösende, bzw. generierende Digiset von Dr.-Ing. Rudolf Hell in Kiel.

Die Linofilm wurde 1956 bei den New York News getestet, aber das allgemeine Urteil lautete danach: Für den Zeitungsdruck noch zu teuer und zu wenig leistungsfähig. Auch als die erste Digiset beim Axel Springer Verlag in Hamburg getestet wurde, setzte man sie nur für die im Tiefdruck herauskommende Programmzeitschrift „Hörzu" ein. Der Zeitungsdruck blieb bei seinen TTS-gesteuerten Bleisetzmaschinen und verwendete von der Digiset nur den Siemens 3003-Computer für das Ausschliessen des Textes auf den Lochstreifen.

Die Pioniere des Fotosatzes bei Zeitungen finden wir 1964 in den USA, in West Palm Beach, wo 20 Intertype-Fotosetter zusammen mit einem RCA 301-Computer für den Satz gestalteter Anzeigen eingesetzt wurden und bei den Great Lakes Newspapers, wo im gleichen Jahr 4 Photon-Setzmaschinen 7 Bleisetzmaschinen ersetzten. In Europa dauerte es noch bis 1968, als bei den Portsmouth News in England eine K.S.Paul-Setzmaschine aufgestellt wird und die Reading Evening News 3 Photon-Setzmaschinen mit vorgeschaltetem Elliot 803-Computer zum Einsatz brachten. Diese Zeitung mit einer täglichen Auflage von 30 000 Exemplaren wurde damit die erste, die vollständig im Computersatz hergestellt wurde.

Danach ging es Schlag auf Schlag. 1970 gab es bereits 1300 Satzcomputer und erste Ideen zu kompletten Redaktions- und Anzeigensystemen wurden geboren. 1976 erteilte der Axel Springer Verlag mit 15 Linotrons den bis dahin grössten Auftrag auf Fotosetzmaschinen für den Zeitungsdruck.

In den 80er Jahren läuteten die Laserbelichter den Übergang zur vierten Generation der Fotosetzmaschinen ein und zu Beginn der 90er Jahre kam mit den PCs und Netzwerken der Anschluss an die rasch fortschreitenden Entwicklungen der Büroautomation. Statt auf Film wird heute zunehmend direkt auf die Druckplatte belichtet, was das Schlagwort „Computer-to-Plate" beschreibt.

Mit der Verbindung von Text, Grafik und Bild auf dem Computer-Bildschirm hat die Gestaltungsfreiheit so enorm zugewonnen, dass ein Illustrierten-Design auch bei Zeitungen möglich wurde. Dies hat besonders die Attraktivität von Zeitungsbeilagen erhöht und kam mit der Einschaltung von farbigen Informationsgrafiken auch dem besseren Verständlichmachen von redaktionellen Inhalten zugute.

Die historische Verwandtschaft der Druckmaschinenhersteller

Um die rasche Verbreitung des Druckmaschinenbaus in Deutschland und angrenzenden Ländern zu verstehen, was mit Exportraten bis 90% noch heute eine grosse Domäne im deutschen Maschinenbau ist, dürfte es interessant sein, die „historischen Verwandtschaftsverhältnisse" etwas näher zu betrachten.

Unbestritten liegt die Wiege des internationalen Druckmaschinenbaus bei Koenig & Bauer in Würzburg. Als Friedrich Koenig auch eine Papierfabrik in Schwarzach betreiben wollte, da entsandte er seinen Neffen Fritz Helbig dorthin. Er muss wohl mit dessen Betriebsführung unzufrieden gewesen sein, denn es kam zu einer Entlassung. Fritz Helbig verband sich daraufhin mit dem Vorarlberger Leo Müller, der ebenfalls bei Koenig & Bauer beschäftigt gewesen war, und beide gründeten daraufhin eine Druckmaschinenfabrik in Mödling bei Wien. Heute gehört dieses Unternehmen zum KBA-Konzern, dem drittgrössten Druckmaschinenhersteller der Welt. (KBA = Koenig & Bauer AG)

Da war aber noch ein weiterer Neffe Friedrich Koenigs, Stiefbruder von Helbig, der sein eigenes Glück versuchen wollte und Erfolg darin hatte. Sein Name war Carl Reichenbach. Zusammen mit seinem Schwager Carl Buz kaufte er die Sander'sche Maschinenfabrik in Augsburg, die fortan C. Reichenbach'-sche Maschinenfabrik genannt wurde und neben Dampfmaschinen, Wasserturbinen und den verschiedensten Verarbeitungsmaschinen auch Druckmaschinen herstellte. Kurz vor der Jahrhundertwende verband sich dieses Unternehmen mit der 1841 von Johann Friedrich Klett gegründten Maschinenbaugesellschaft Nürnberg zu Maschinenfabrik Augsburg-Nürnberg AG, kurz M.A.N genannt. Heute ist die MAN ROLAND Druckmaschinen AG der zweitgrösste Druckmaschinenhersteller der Welt.

Bei Koenig & Bauer erlernte auch ein Andreas Albert das Schlosserhandwerk und nach harten Gesellenjahren im gleichen Unternehmen wechselte er zur C. Reichenbach'schen Maschinenfabrik nach Augsburg, wo er bald Montageleiter der Schnellpressen-Abteilung wurde. Auf einer seiner Geschäftsreisen kam er in Frankenthal mit dem Glockengiesser Andreas Hamm zusammen und sie beschlossen 1861, die Maschinenfabrik von Albert & Hamm zur Herstellung von Schnellpressen dort zu gründen. 1873 trennten sich beide und nach einer Zwischenphase , in der sich Hamm nur noch dem Glockenguss widmete (Kaiser-Glocke für den Kölner Dom), begann er mit seinem Sohn Karl wieder Schnellpressen in eigener und alleiniger Regie zu bauen. 1891 gründete der bei Albert ausscheidende Kaufmännische Direktor Wilhelm Monitor zusammen mit Philippine Arnold die Maschinenfabrik Heidelberg, Molitor & Cie. Letztere schied aber bereits nach sechs Monaten wieder aus, wofür Wilhelm Müller als Teilhaber eintrat, der bis 1891 bei Albert als Jungingenieur gearbeitet hatte. Am 22 Juni 1894 stirbt in Frankenthal Andreas Hamm. Sein Sohn Karl verkauft am 19. August 1895 die Maschinen- und Schnellpressenfabrik A. Hamm an Wilhelm Müller, die daraufhin ein Heidelberger Unternehmen wurde und aus der schliesslich die Heidelberger Druckmaschinen AG hervorging., die sich der Welt grösster Druckmaschinenhersteller nennen darf.

Auch zur Maschinenfabrik Winkler, Fallert & Cie. in Bern in der Schweiz, kurz WIFAG genannt, lässt sich eine Brücke schlagen, indem Fritz Fallert, der Partner von Carl Winkler bei der Firmengründung 1904, zuvor bei der Heidelberger Schnellpressenfabrik als Prokurist tätig war. Und die Dresden-Leipziger Schnellpressenfabrik, genannt Planeta, wurde 1898 von dem Frankenthaler Reiseingenier Josef Hauss mitgegründet. Heute gehören Planeta und Albert zum KBA-Konzern. Daneben gab es noch eine Menge weiterer Ableger der namhaften Druckmaschinenhersteller, die aber meistens so schnell verschwanden wie sie entstanden sind. Der damit einhergehende Konkurrenzkampf hat jedoch dazu geführt, dass in Deutschland der Druckmaschinenbau immer stärker und bedeutender wurde und die Variantenvielfalt im gleichen Mass anstieg.

Literaturverzeichnis zur Geschichte der Zeitungsdrucktechnik

Friedrich Bauer: Handbuch der Buchdrucker, Frankfurt-M., Klimsch & Co., 1942

Frank E. Coparato: Chronicles of Genius and Folly, Culver City, CA, Labyrinthos-Verlag, 1979

Hermann Erbs: Der Rotationsdruck, Leipzig, Fachbuchverlag, 1952

Christian Ferber: Berliner Illustrirte Zeitung, Berlin, Ullstein-Verlag, 1989

Boris Fuchs: Die Renaissance des Rollenoffsetdrucks im Nachkriegsdeutschland aus der Sicht eines Druckmaschinenkonstrukteurs, in: Leipziger Jahrbuch zur Buchgeschichte, Jahrgang 2, 1992, S. 225-230

Boris Fuchs: The Invention of Offset Printing and the Long March to Newspaper Offset Printing, in: Advances in Printing Science and Technology, Leatherhead, England, Vol. 25, 1999, S. 9-22

Boris Fuchs: Zeitungen im 3. Jahrtausend, Deutscher Drucker [im Druck]

Theodor Goebel: Friedrich Koenig und die Erfindung der Schnellpresse, Stuttgart, Krais, 1883 [Nachdruck durch Koenig & Bauer AG, Würzburg, 1956]

W. Hasper: Handbuch der Buchdruckerkunst, Nachdruck der Ausgabe von 1835, Hannover, Th. Schäfer, 1986

Helmut Kipphan (Hsg.): Handbuch der Printmedien, Heidelberg-Berlin, Springer [im Druck]

Herman Kogan: Proud of the Past, Commited to the Future, Chicago, IL, The Mobium Press, 1979

Otto M. Lilien: Die Geschichte des Tiefdrucks von 1900-1920, Frankfurt-M., Druckfarbenfabrik Gebr. Schmidt GmbH, 1963

Joseph May, William S. Wrightson: Vom Blei zum Silicium – 25 Jahre Zeitungsdruck, Darmstadt, Ifra, 1986

Peter Pichard: The Making of McPaper, New York, Andrews, McMeel & Parker, 1987

Vietor / Redinger: Format-Büchlein von 1679, Nachdruck durch Lehrdruckerei der Technischen Universität Darmstadt, 1983

Wolfgang Walenski: Der Rollenoffsetdruck, Fellbach, Fachschriften-Verlag, 1995

Lawrence W. Wallis: A Concise Chronology of Typesetting Developments 1886-1986, London, Lund Hamphries, 1988

Wilhelm Weber: Aloys Senefelder, Frankfurt-M., Polygraph-Verlag, 1981

Walter Wilkes: Die Entwicklung der eisernen Buchdruckerpresse, Lehrdruckerei der Technischen Universität Darmstadt, 1983

Hans-Jürgen Wolf: Schwarze Kunst, Frankfurt-M., Deutscher Fachverlag, 1981

Hans-Jürgen Wolf: Geschichte der Druckverfahren, Echingen, Historia-Verlag, 1992

Von der Kalligraphie zum Direct Imaging, Bochum, Schriftenreihe der Georg-Agricola-Gesellschaft Nr.23, 1998

Die folgenden Abbildungen sind den Veröffentlichungen entnommen, die im Literaturverzeichnis aufgeführt sind. Zusätzliches Bildmaterial stammt aus Seminarunterlagen der INCA-FIEJ Research Association (Ifra), Darmstadt, im Besitz des Autors.

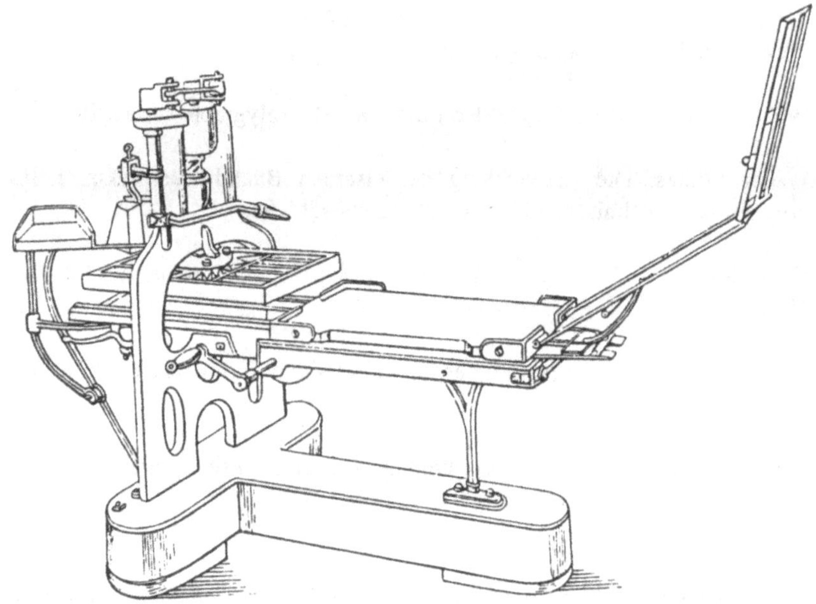

Abb.1: Die erste eiserne Buchdruckerpresse von Charles Lord Stanhope von 1800

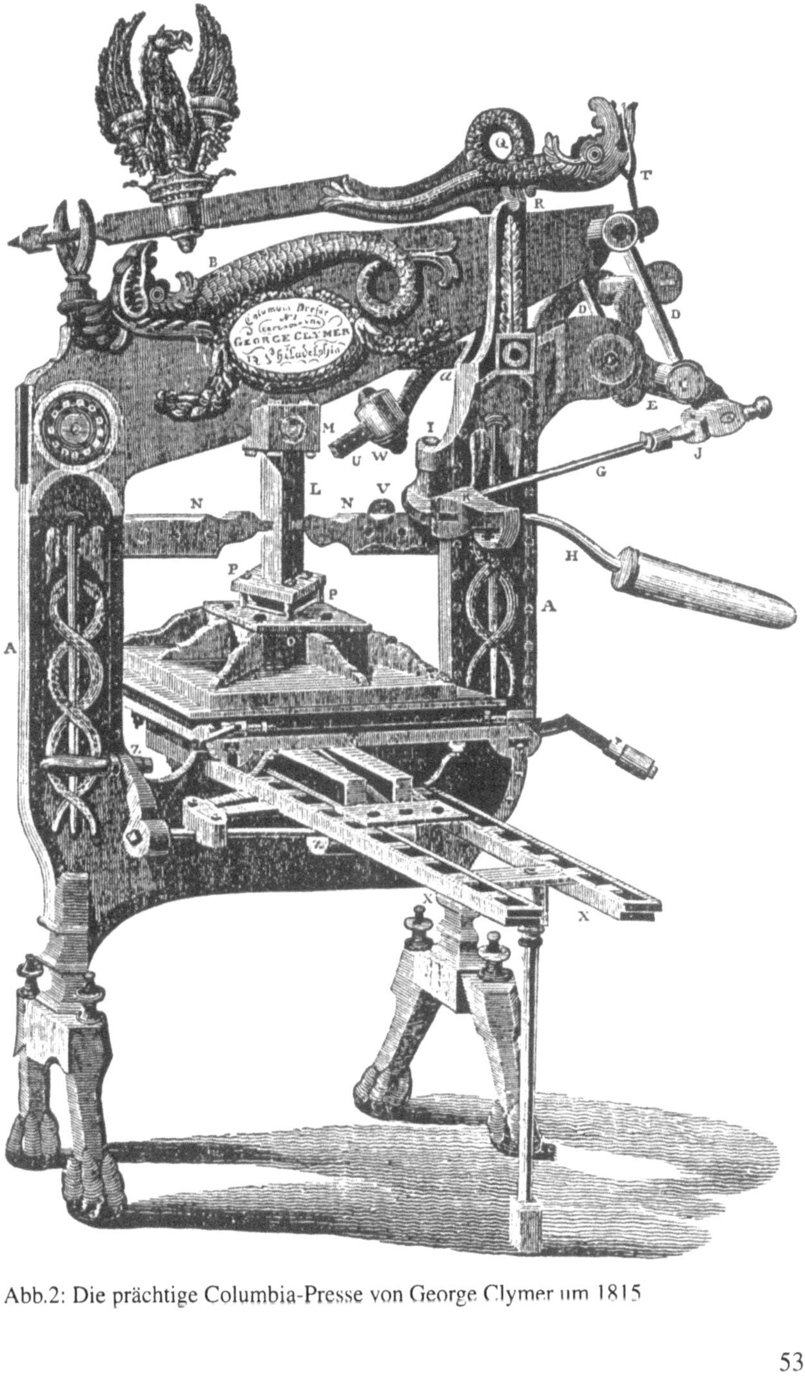

Abb.2: Die prächtige Columbia-Presse von George Clymer um 1815

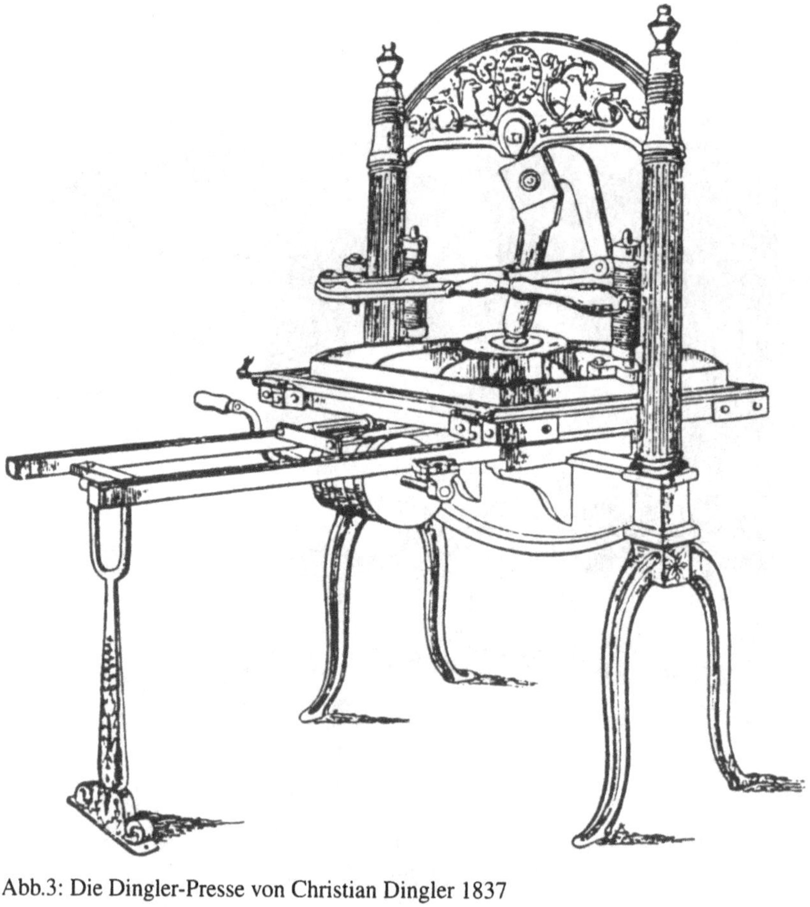

Abb.3: Die Dingler-Presse von Christian Dingler 1837

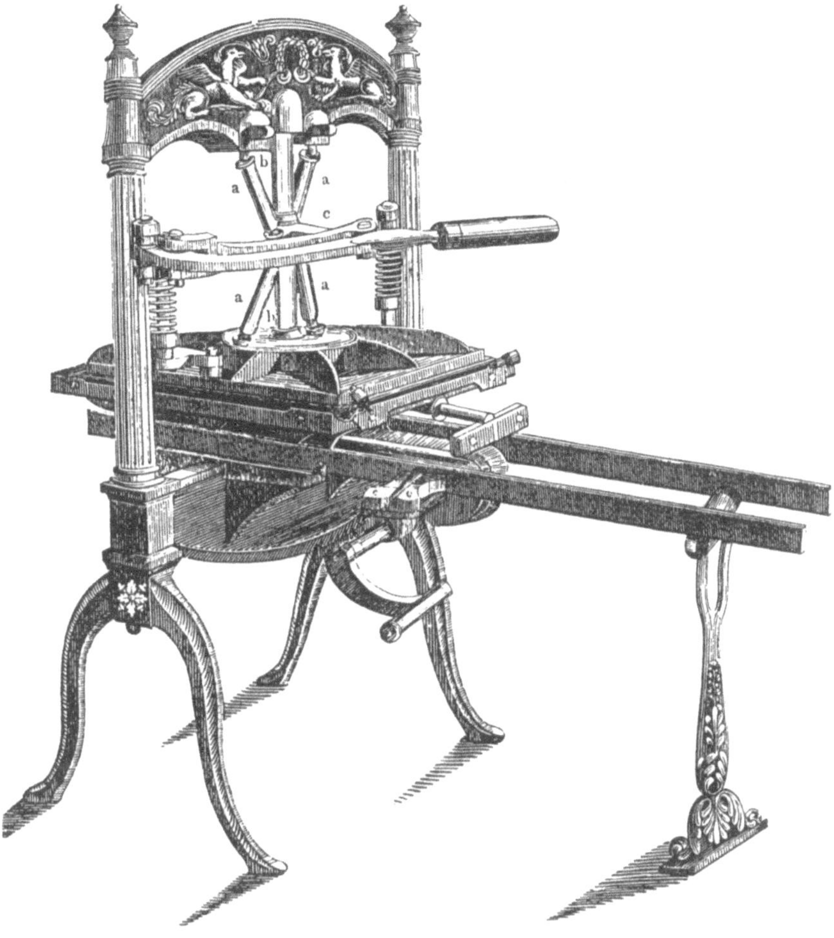

Abb.4: Die Zweibrücker-Presse als Fortentwicklung der Dingler-Presse

Abb.5: Die Selligue-Presse von 1827, in Deutschland von Johann Deisler gebaut

Abb. 6: Die Doppel-Schnellpresse von Friedrich Koenig und Andreas Bauer von 1814

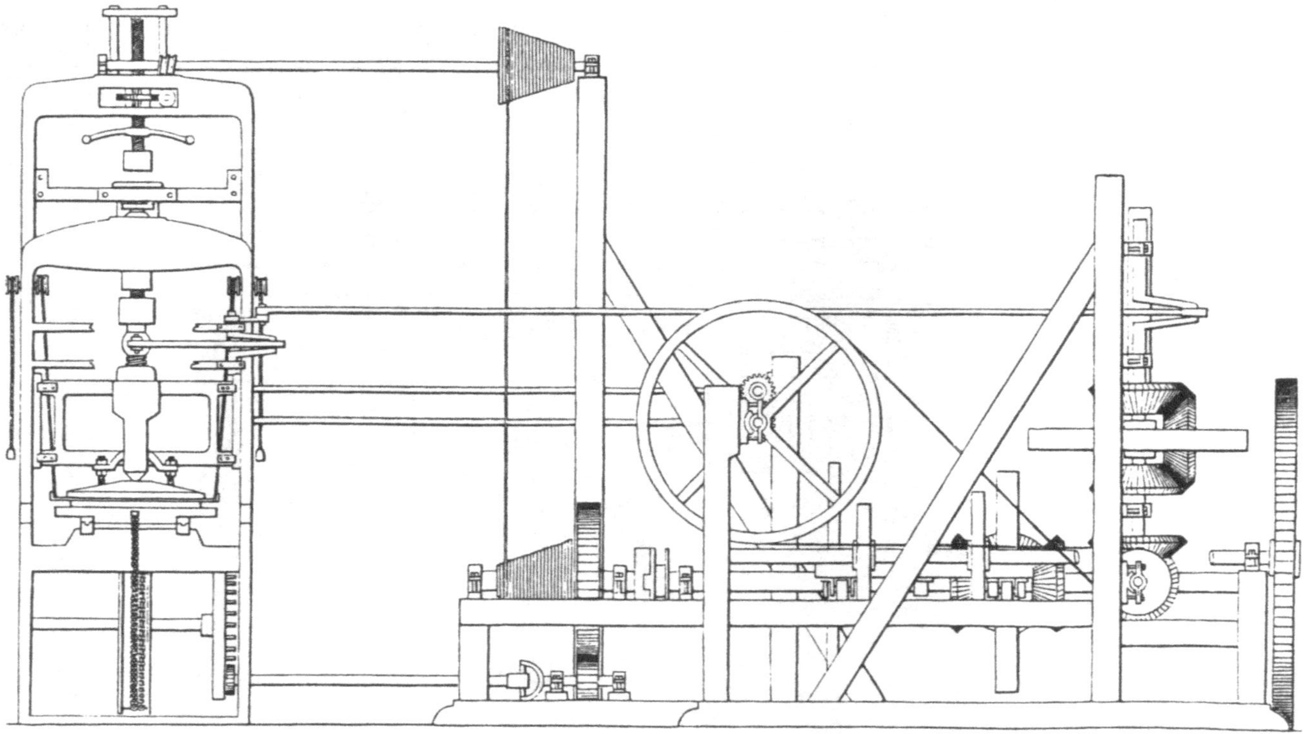

Abb. 7: Der Vorläufer der Schnellpresse, noch nach dem Tiegel-Prinzip von 1810

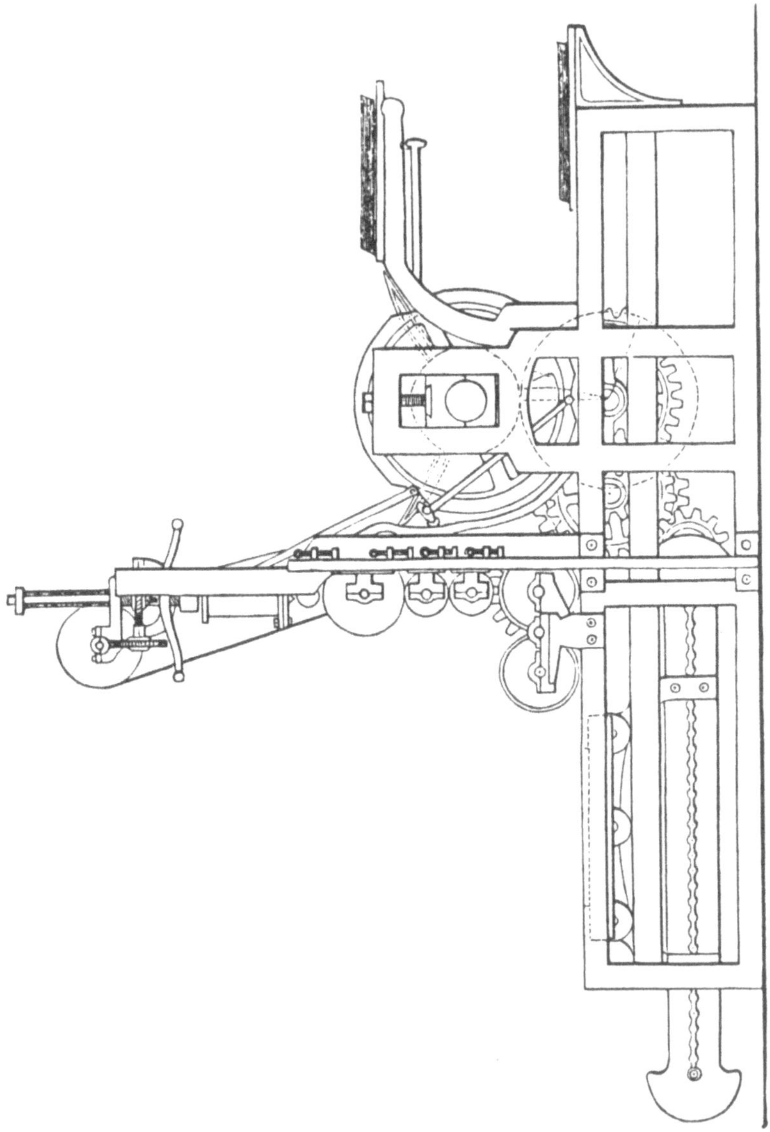

Abb. 8: Die einfache Schnellpresse von Friedrich Koenig aus 1810

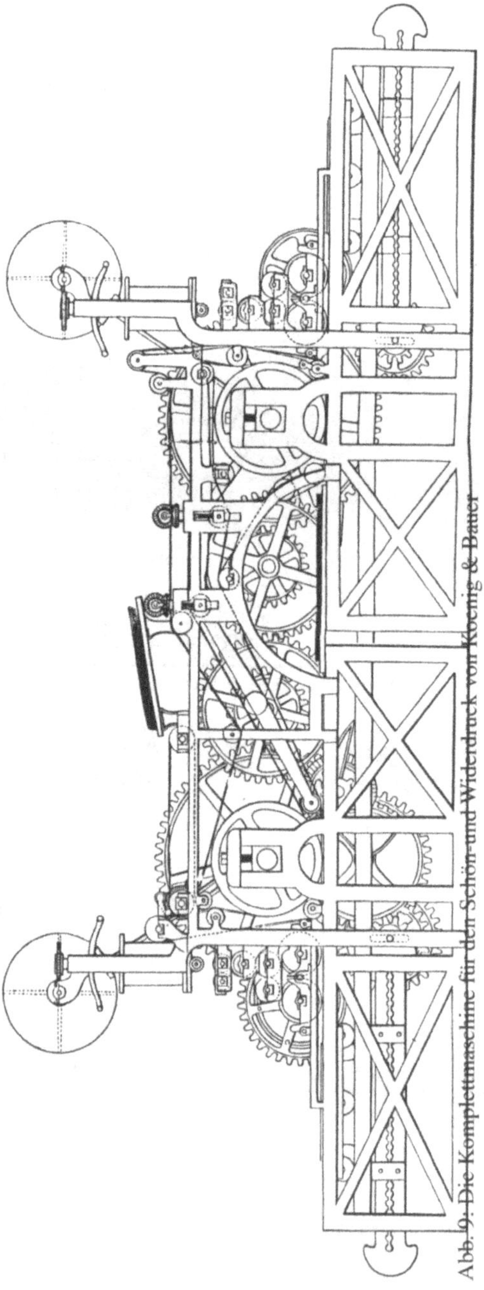

Abb. 9. Die Komplettmaschine für den Schön- und Widerdruck von Koenig & Bauer

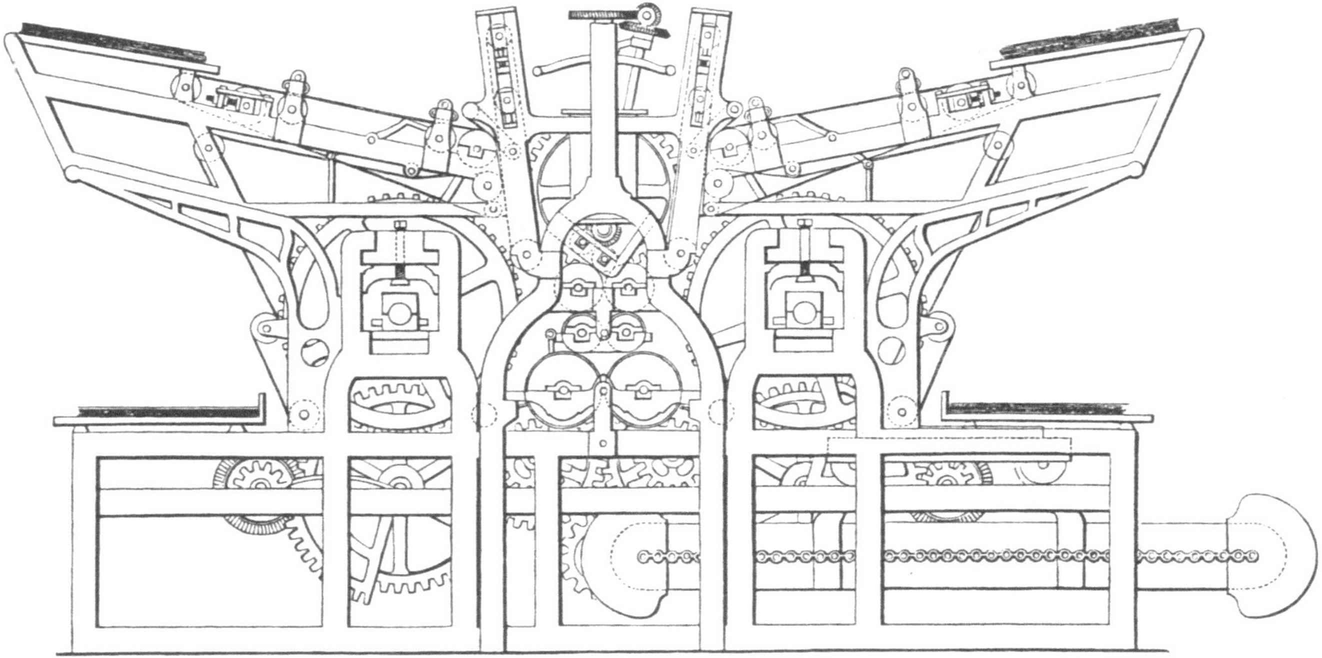

Abb.10: Die verbesserte Doppel-Schnellpresse von Koenig & Bauer aus 1817

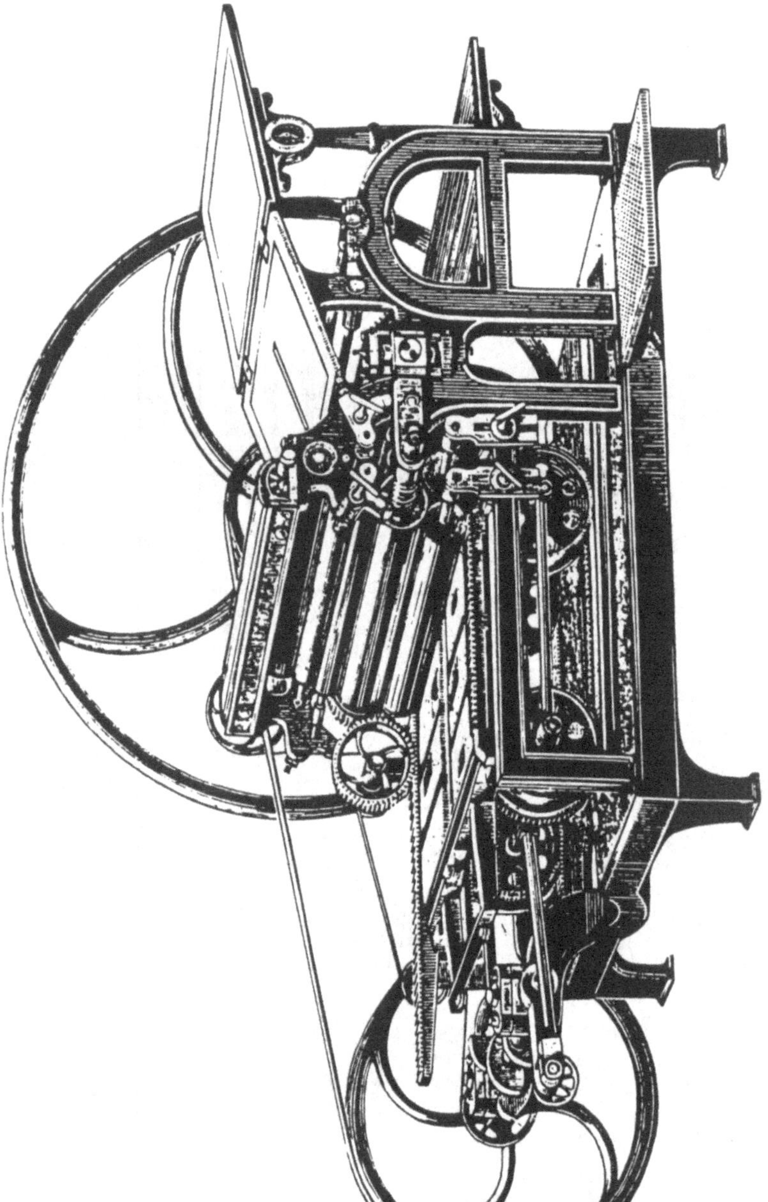

Abb.11: Die Schnellpresse mit Kurbeltrieb von Helbig & Müller von 1836

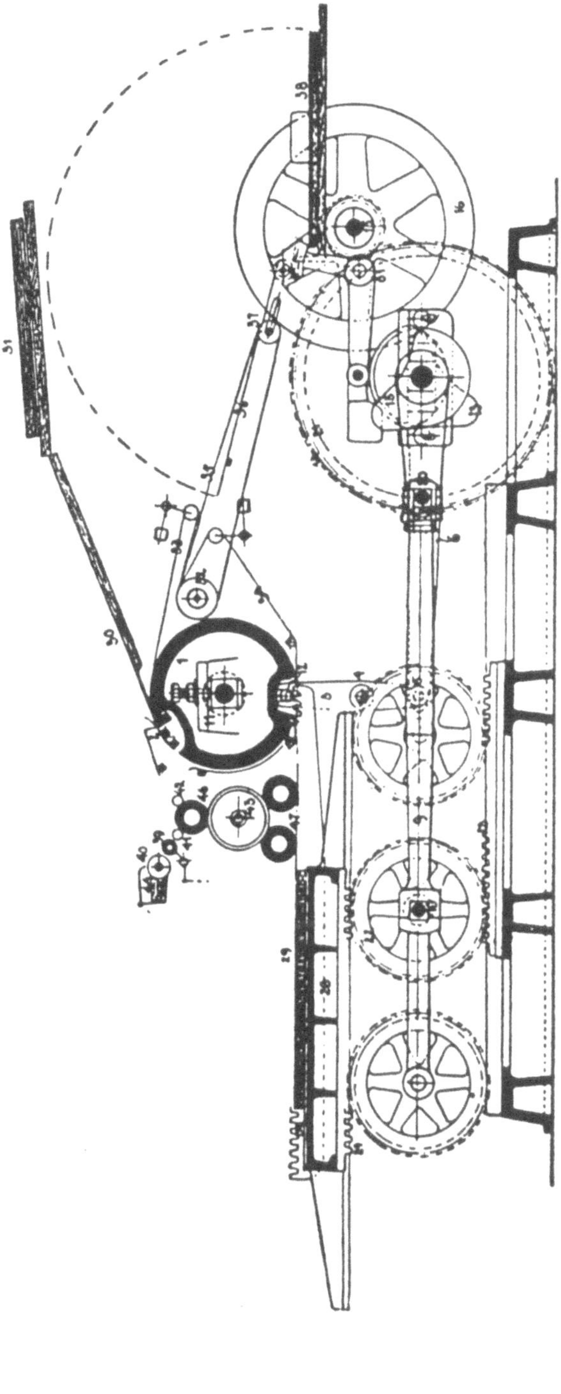

Abb.12: Prinzipzeichnung der Schnellpresse mit Kurbeltrieb

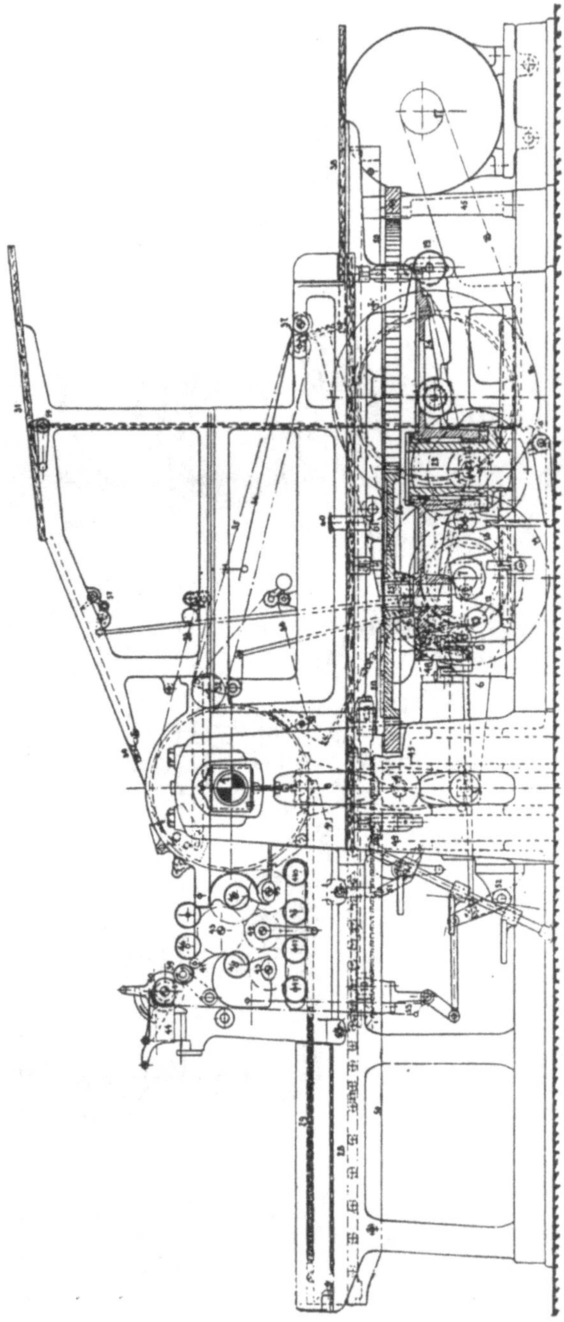

Abb.13: Die Kreisbewegungsmaschine von Koenig & Bauer aus 1840

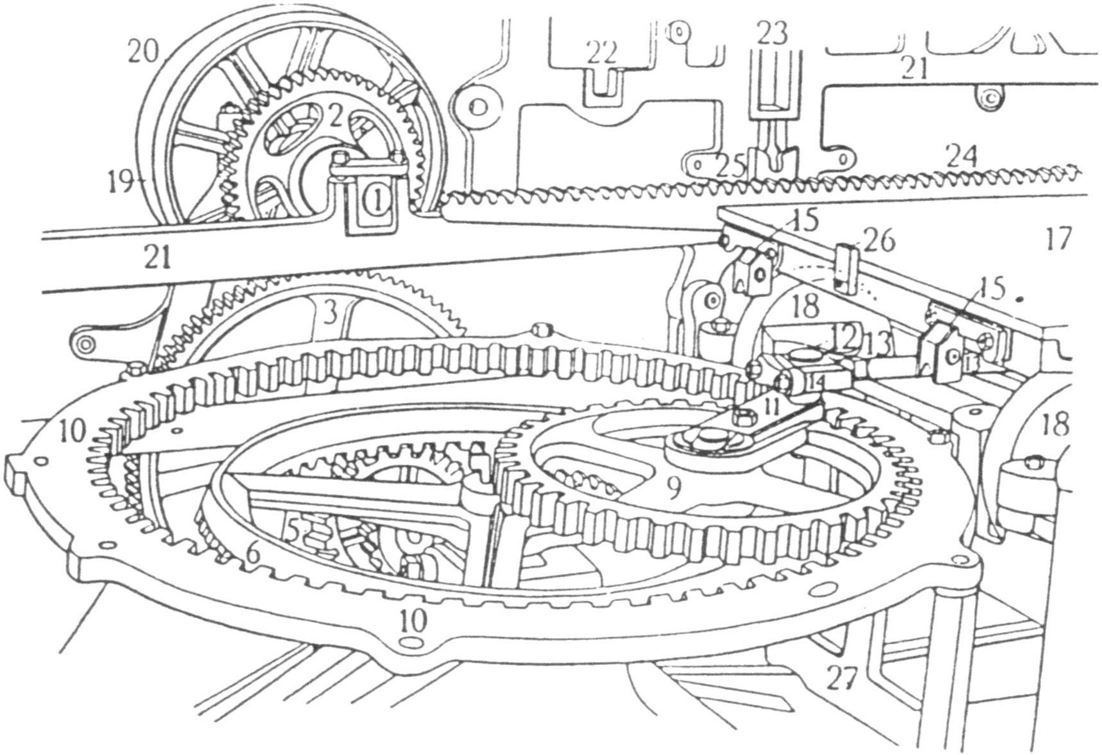

Abb.14: Darstellung des Planetenantriebs der Kreisbewegungsmaschine

Abb.15: Die vierfachwirkende Doppel-Schnellpresse von Koenig & Bauer aus 1847

Abb.16: Die vierfachwirkende Doppel-Schnellpresse von Augustus Applegath 1827

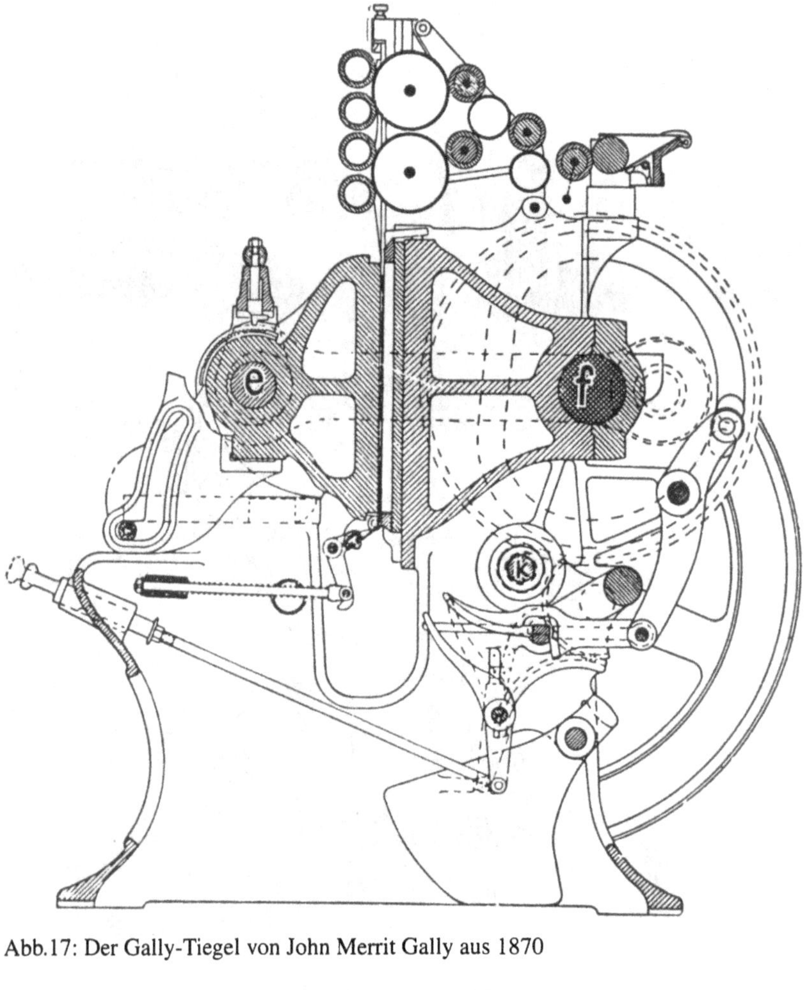

Abb.17: Der Gally-Tiegel von John Merrit Gally aus 1870

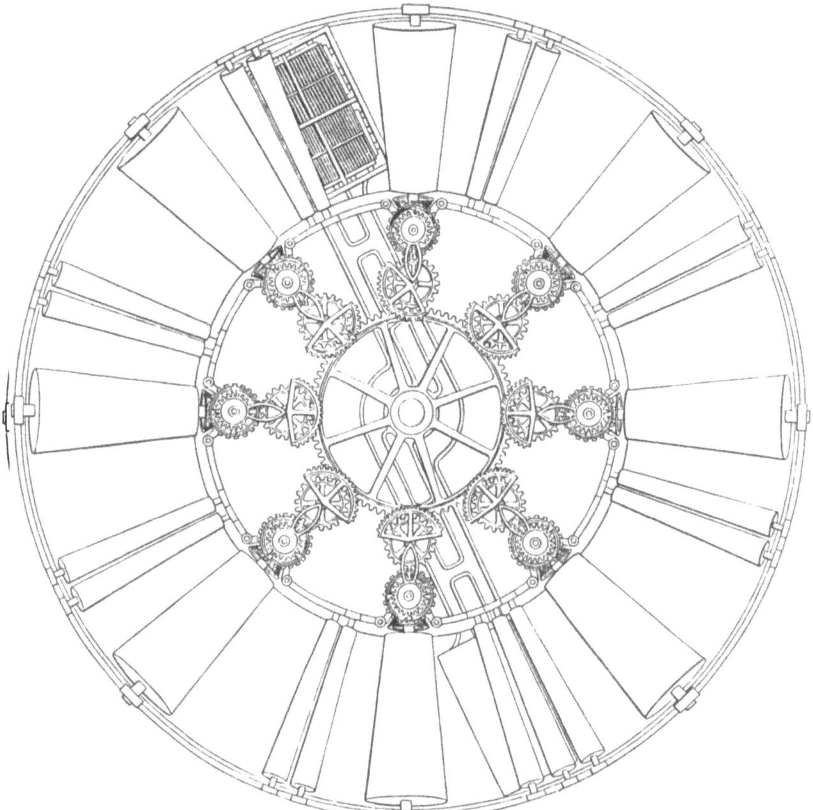

Abb.18: Die Idee von Friedrich Koenig für eine „Round-about“-Rotation aus 1811

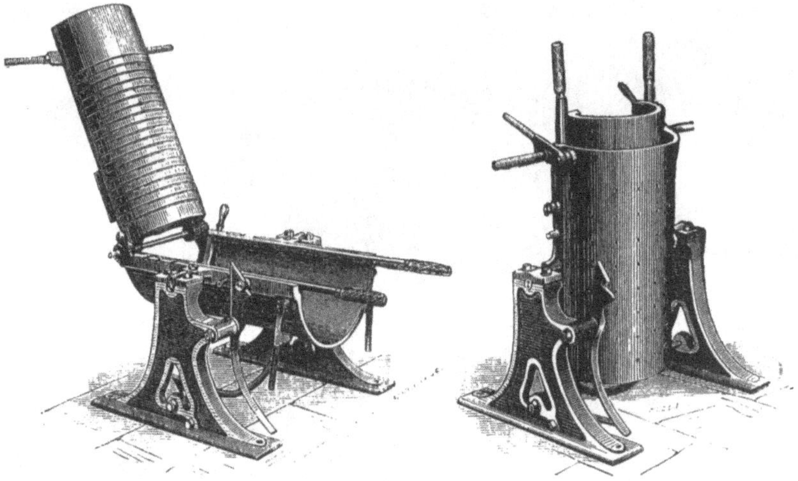

Abb.19: Eine frühe Stereotypie-Giessmaschine

Abb.20: Die Applegath-Maschine mit einem runden Formzylinder von 1856

Abb.21: „Ten-Feeder"-Bogenrotation von Robert Hoe & Comp. für den Zeitungsdruck

Abb.22: Die o.g. Bogenrotation in einer zeitgenössischen Darstellung

Abb.23: Darstellung der ersten Rotationsdruckmaschine von Bullock 1859

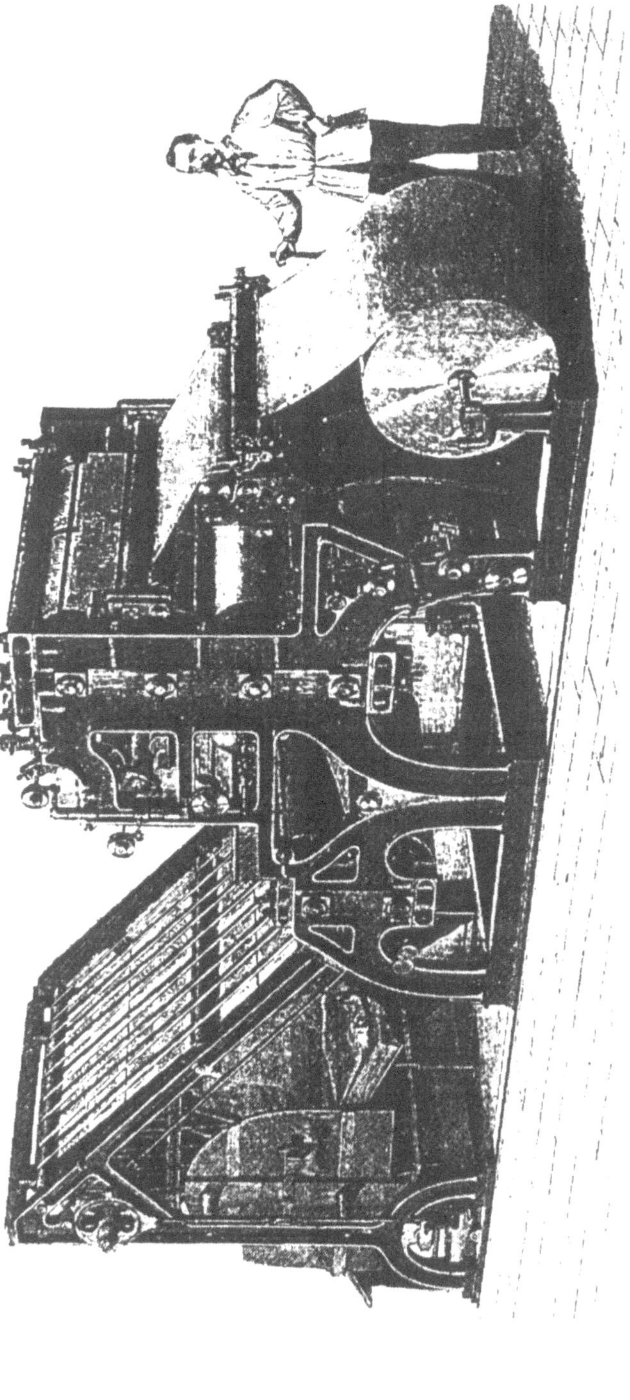

Abb.24: Die Walter-Rotation von 1866

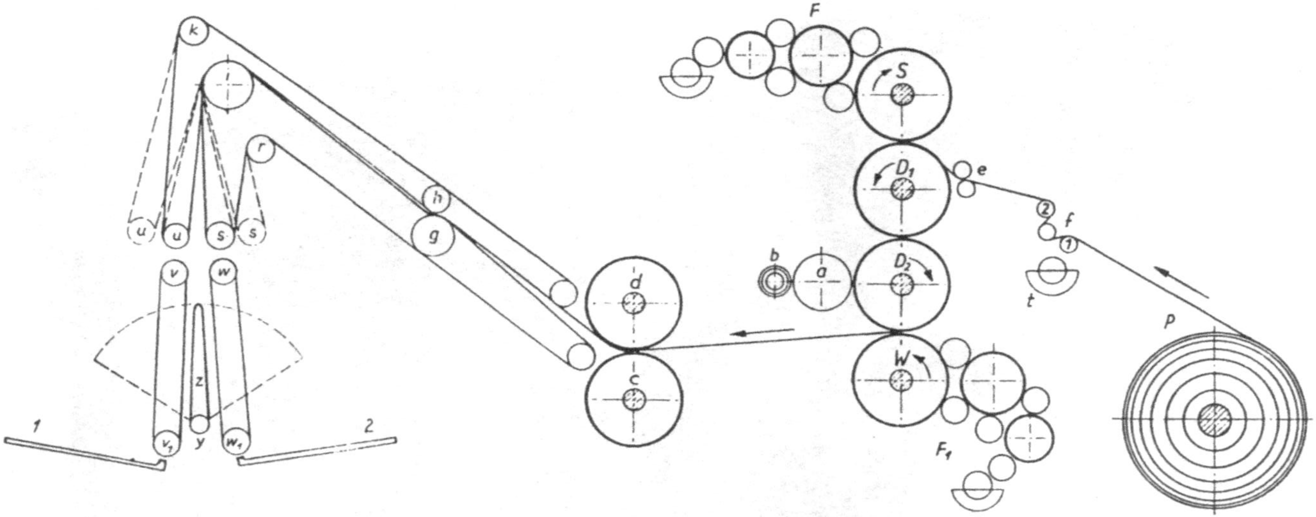

Abb.25: Prinzipzeichnung der Walter-Rotation

Abb.26: Die erste deutsche Rotationsmaschine der MAN von 1873 (ähnl. Walter –Rotation)

Die Erfindungen, die zur Rotationsdruckmaschine führten		
Prinzip	**Erfinder**	**Charakteristika**
Bogen 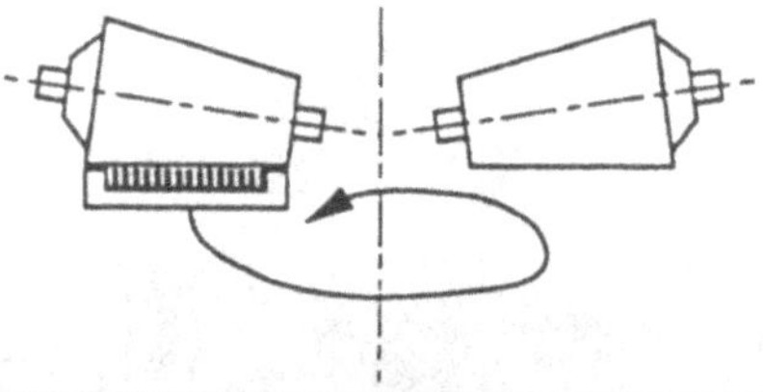	**Friedrich Koenig** **1811**	Patentierte "round-about" -Idee: rotierende Flachform mit konischen Druckzylindern
Bogen 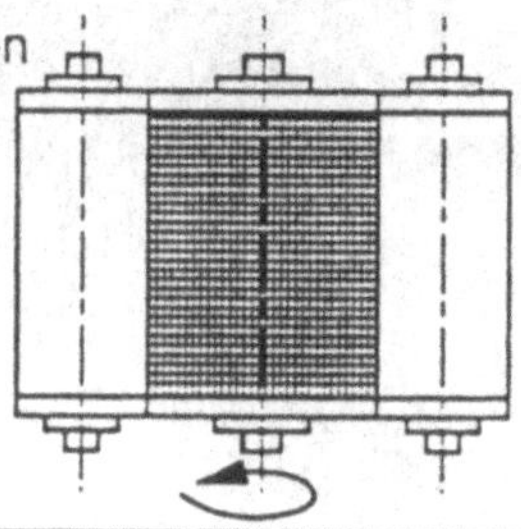	**Augustus Applegath** **1827**	Keilförmige Typen auf vertikal rotierender Trommel mit daran angestellten Druckzylindern
Bogen 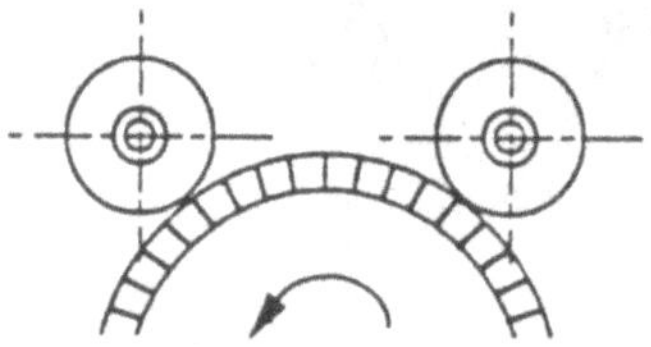	**Richard Hoe** **1847**	Keilförmige Typen auf horizontal rotierender Trommel mit daran angestellten Druckzylindern
Rolle 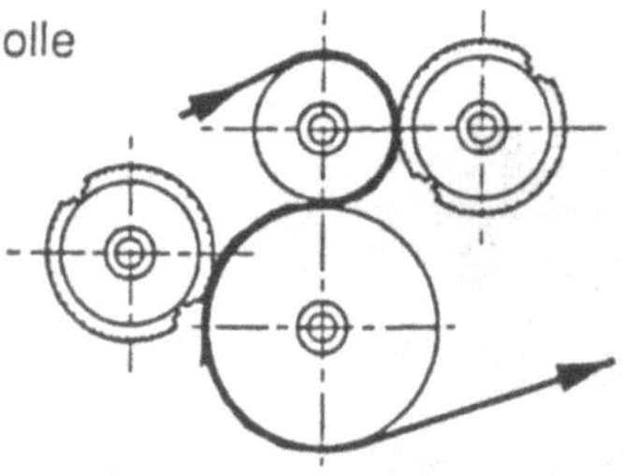	**William Bullock** **1859/63**	Stereotypieplatten auf horizontal rotierenden Zylindern und unterschiedlich großen Druckzylindern

Abb.27: Prinzipskizzen der Erfindungen, die zur Rotationsdruckmaschine führten

Abb. 28: Parallelaufstellung von Rotationsdruckmaschinen

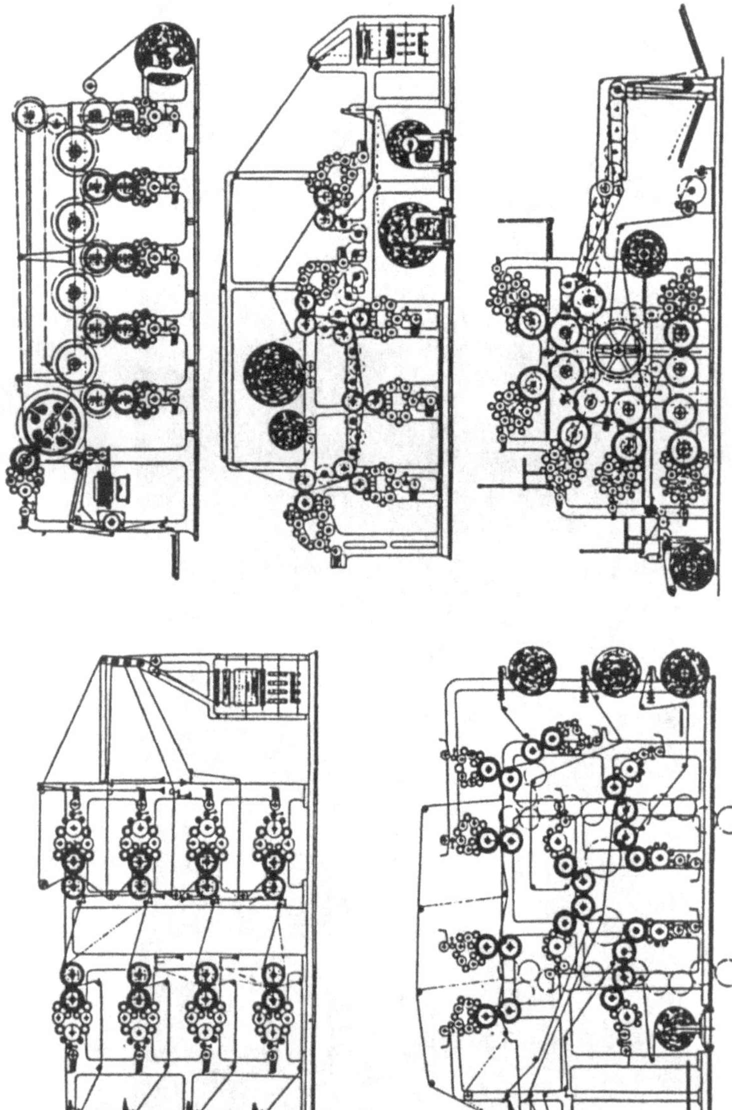

Abb. 29: Vielfältige Aufstellungsarten von Rotationsdruckmaschinen

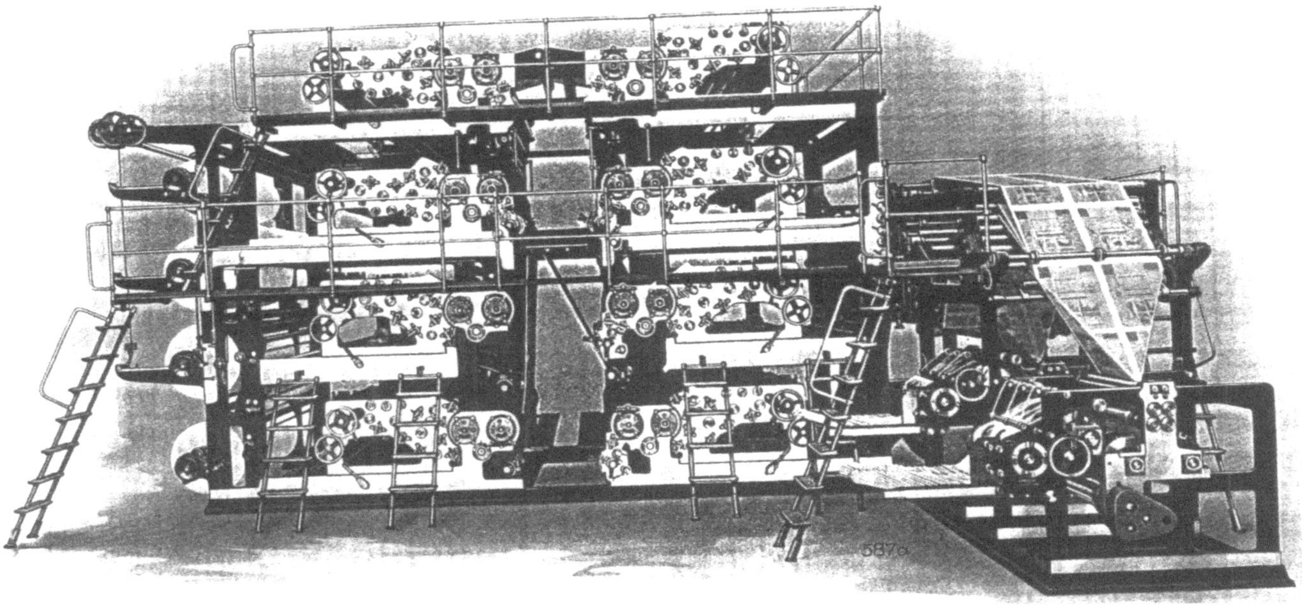

Abb.30: Etagenaufstellung einer Rotationsmaschine mit 4 Rollen übereinander

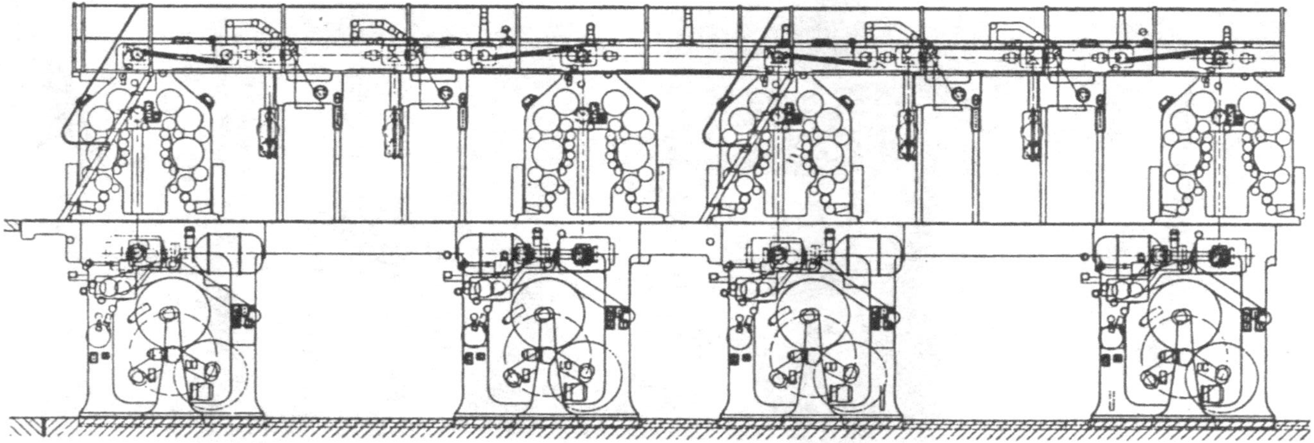

Abb.31: Linienaufstellung mit automatischen Rollenwechslern

Abb.32: Linienaufstellung einer Rotation als langgestreckte Fertigungslinie

Abb.33: Gekapselte Getriebekästen an den Druckeinheiten einer Rotation

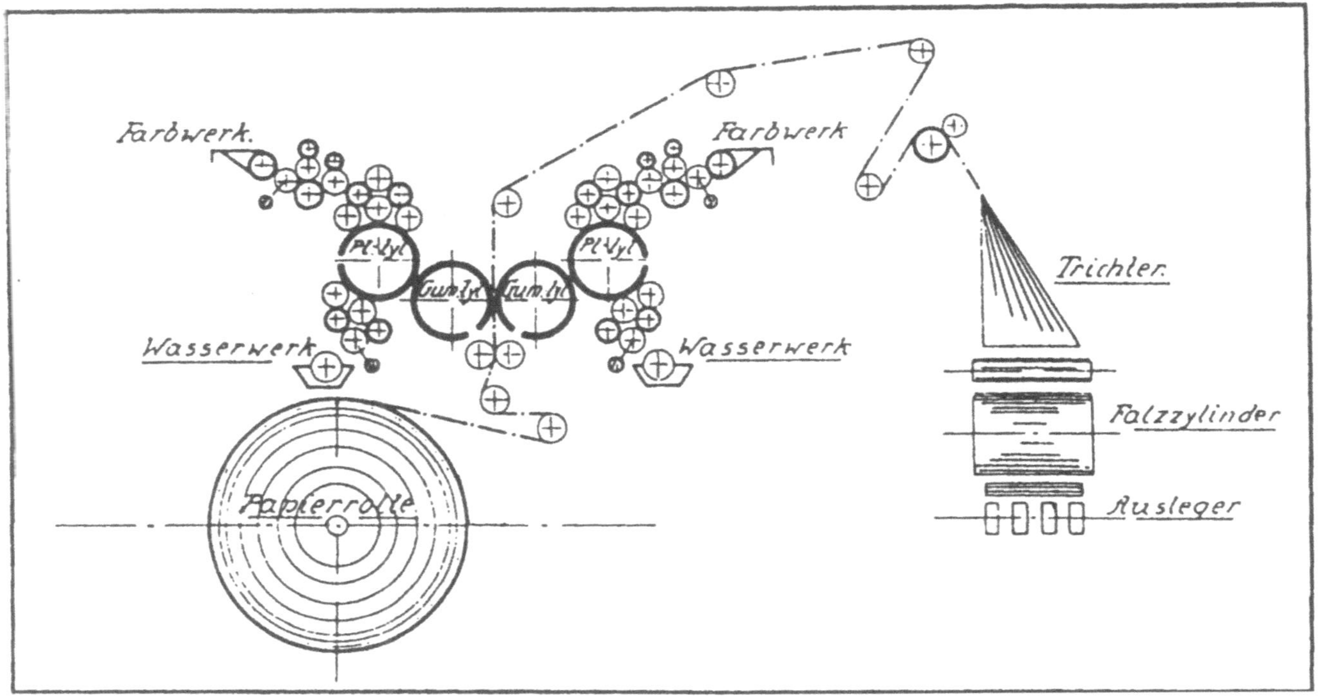

Abb.34: Das Patent für den Gummi-gegen-Gummi-Druck von Caspar Hermann

Abb.35: Die erste Rollenoffsetmaschine „Universal" von Caspar Hermann 1912

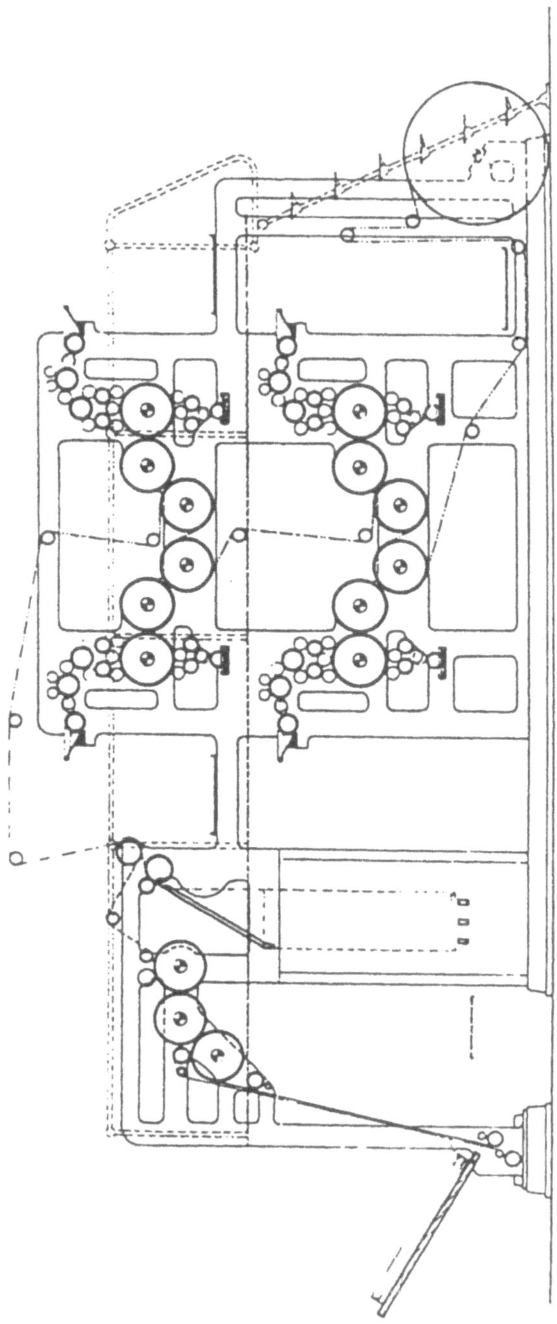

Abb.36: Eine Rollenoffsetmaschine nach dem 3-Zylinder-Prinzip

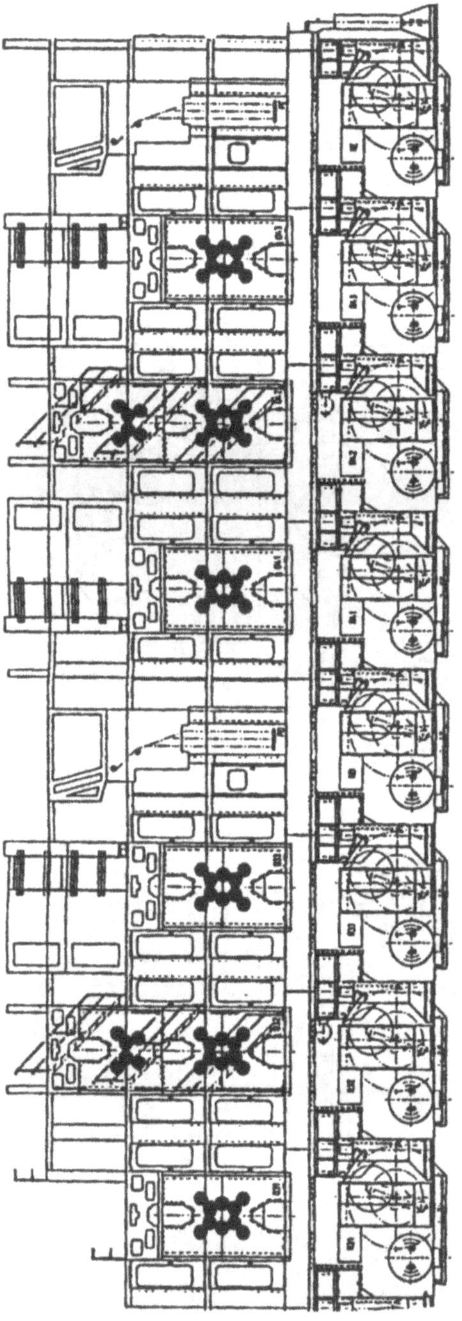

Abb.37: Eine heutige Rollenoffsetmaschine für den Zeitungsdruck

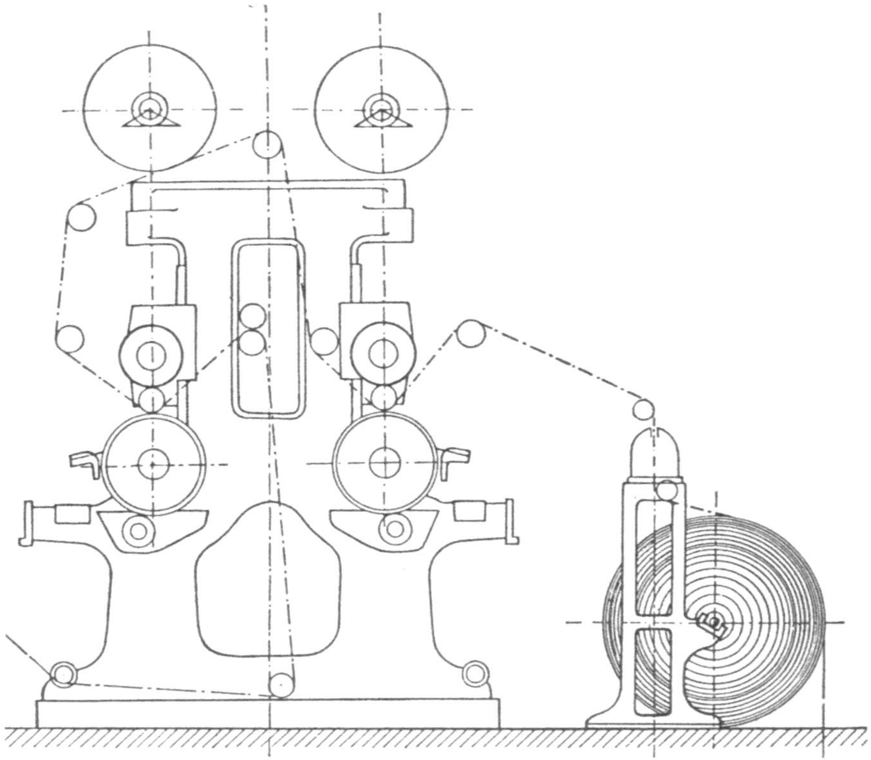

Abb.38: Tiefdruckmaschine von John Wood von 1904

Enorme Mengen

erlesener Weine der Champagne*) dienen zur Herstellung der führenden deutschen Marke Henkell Trocken

HENKELL & Co.

HENKELL TROCKEN

Die epochemachende Neu-Anlage der Firma Henkell & Co. in Biebrich-Wiesbaden ist die großartigste Schöpfung der Champagner-Industrien Deutschlands und Frankreichs.
:: Ein Besuch dürfte von grösstem Interesse sein ::

J. Holzhauer, Hoflieferant, Freiburg i. B.

Tafelfrüchte

J. Holzhauer, Hoflieferant, Freiburg i. B.

Freiburger Zeitung

Unabhängige Tageszeitung

Neues Illustrationsdruck-Verfahren für Zeitungen.

Die Freiburger Zeitung erscheint täglich 2 mal in je 20000 Exemplaren.

Abb.39: Erste kombiniert in Tiefdruck/Buchdruck hergestellte Zeitung 1910

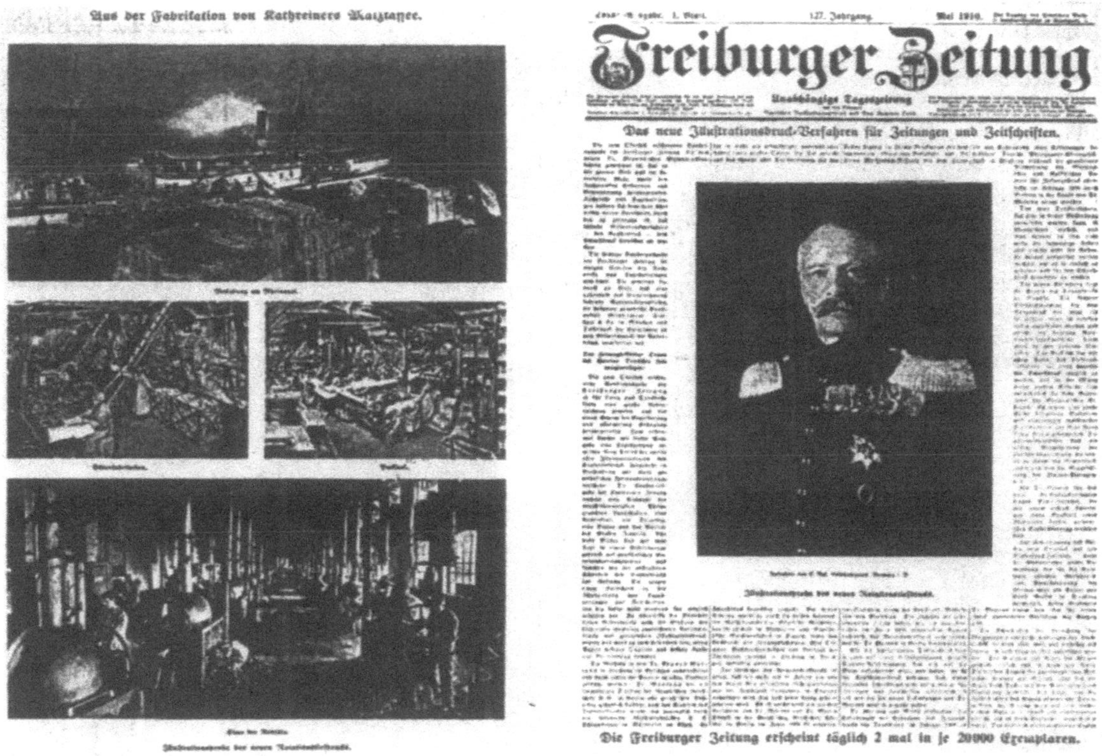
Aus der Fabrikation von Kathreiners Malzkaffee.

127. Jahrgang. Mai 1910.

Freiburger Zeitung

Unabhängige Tageszeitung

Das neue Illustrationsdruck-Verfahren für Zeitungen und Zeitschriften.

Die Freiburger Zeitung erscheint täglich 2 mal in je 20000 Exemplaren.

Abb.40: dto. weitere Seite

Abb.41: Die Hybridmaschine Tiefdruck (vorn) Buchdruck (hinten) zu 38 /39

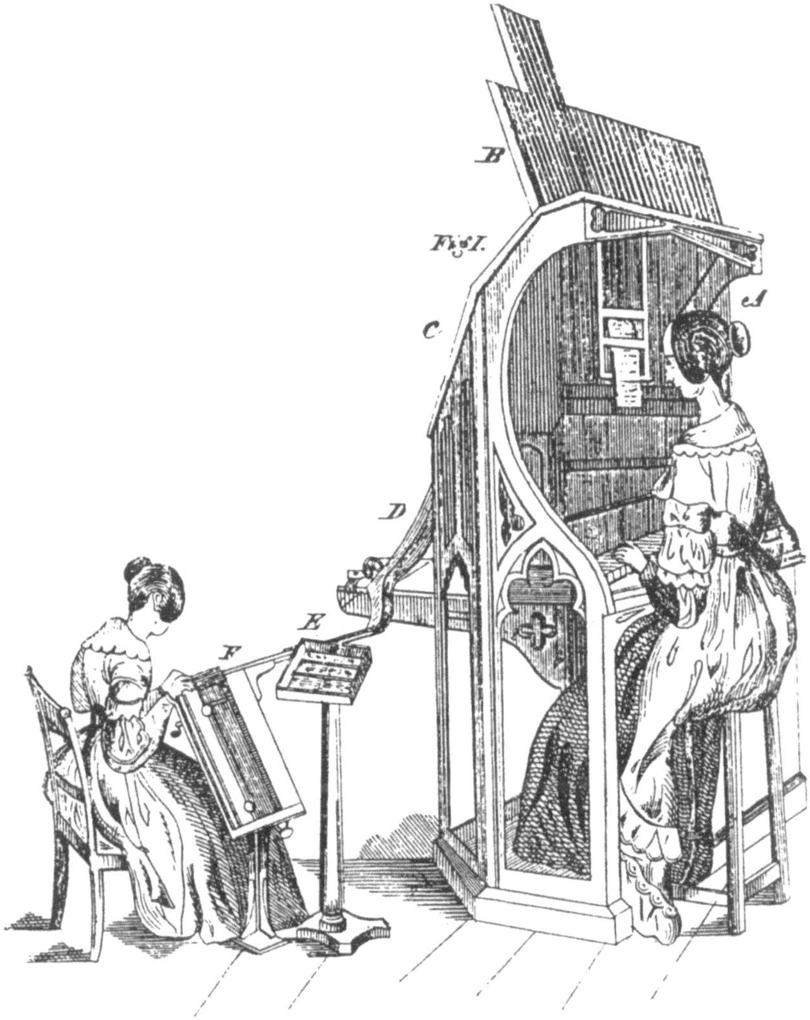

Abb.42: Die Pianotype-Setzmaschine aus dem Jahre 1840

Abb.43: Die Blowertype-Setzmaschine von Ottmar Mergenthaler von 1886

Abb.44: Die Linotype Simplex-Setzmaschine von 1889

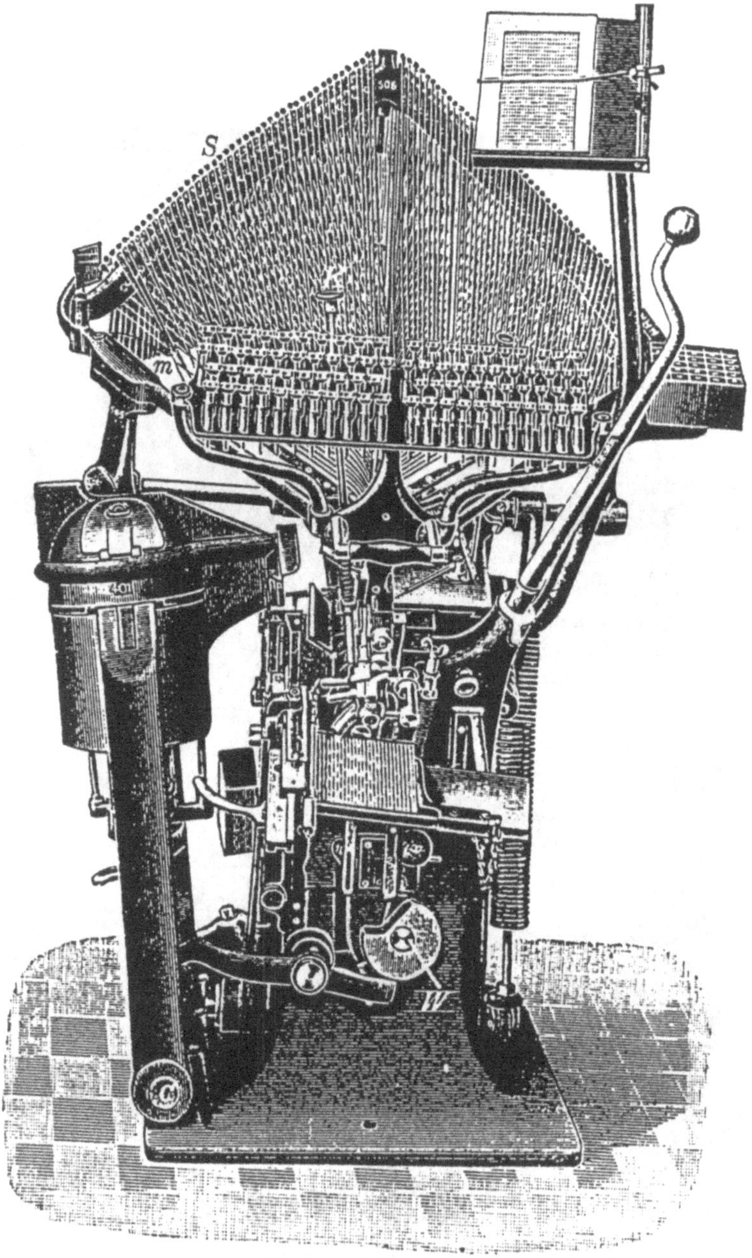

Abb.45: Die Typograph-Setzmaschine von Rogers

Abb.46: Die Monotype-Setzmaschine von Tolbert Lanson

Abb.47: Karikatur des „Eisernen Kollegen“ zur Abwehr der Setzmaschinen

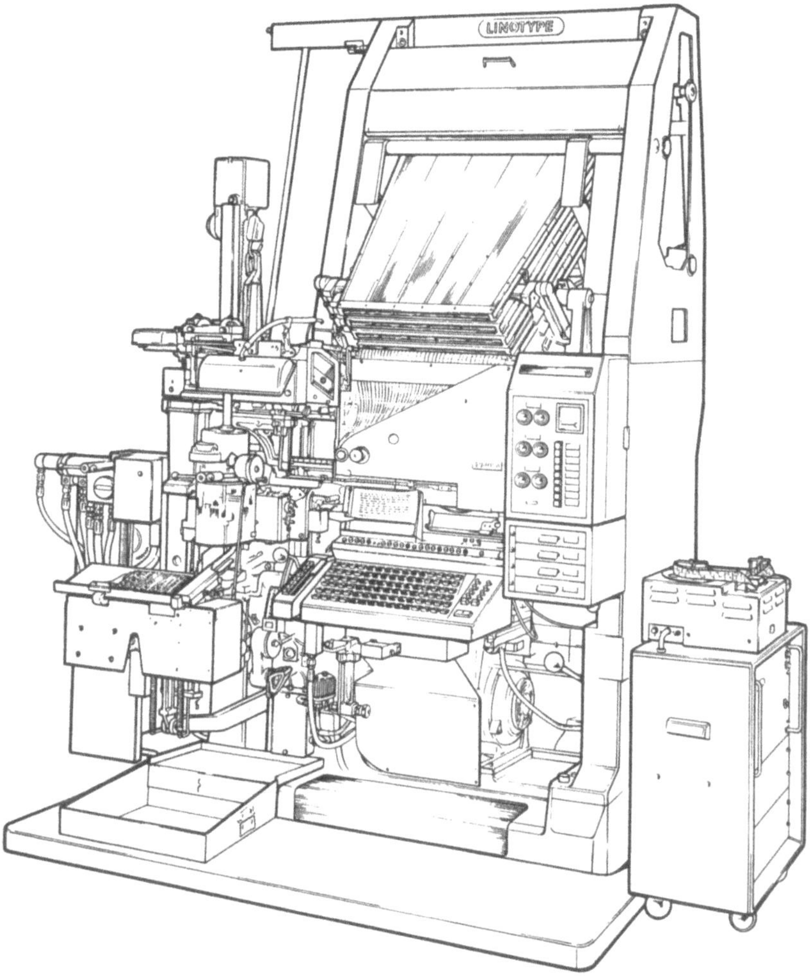

Abb. 48: Moderne Linotype-Setzmaschine mit TTS-Steuerung (rechts vorn)

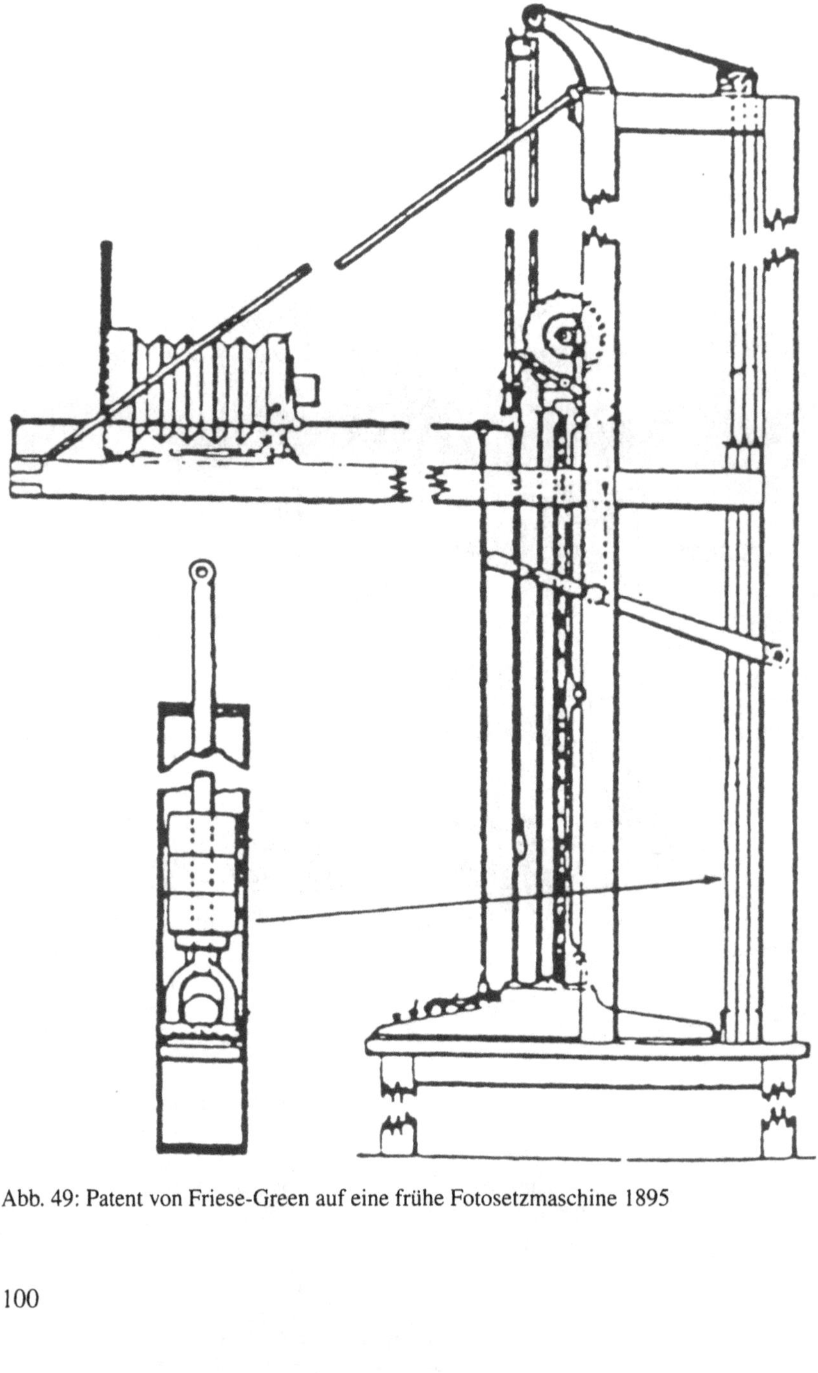

Abb. 49: Patent von Friese-Green auf eine frühe Fotosetzmaschine 1895

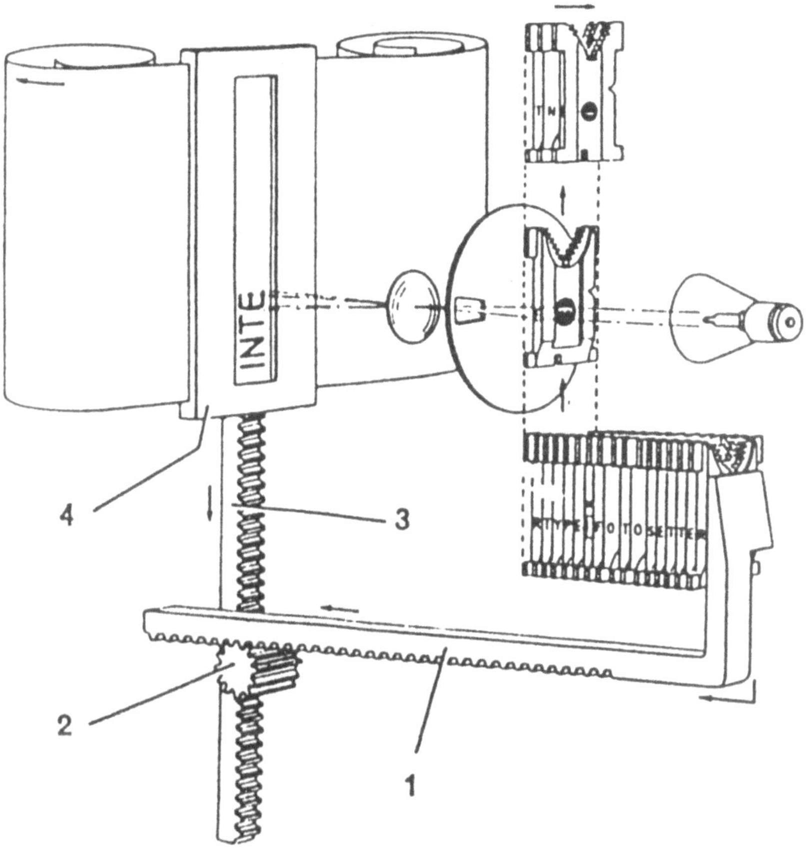

Abb.50: Der Fotosetter der Intertype Corp

Abb.51: Der Prototyp der Uhertype der MAN aus 1930

FSC
www.fsc.org
MIX
Papier | Fördert
gute Waldnutzung
FSC® C083411

Kolibri 360 GmbH
Ferdinand-Jühlke-Straße 7
99095 Erfurt, Deutschland
produktsicherheit@kolibri360.de